巧 手 创 造 时 尚 · 情 趣 美 化 生 活

绕指柔专辑

编织人生◎编著

青岛出版社 QINGDAO PUBLISHING HOUSE | 国家一级出版社 全国百佳图书出版单位

前言

《宝贝毛衫》这本书是最早和编织人生网站合作出版的书籍中的一本，出版后得到广大读者的追捧和好评，这得益于网站的超高人气和设计者的精妙巧思，也令编者更加努力地搜寻好的作品呈现给大家。《宝贝毛衫》（第2辑）我们收录了周微的64件作品作为个人专辑出版，感动于她对编织的热爱和钟情，更喜欢她作品的随意与多样，远看美丽，近看精巧，针针都包含着对宝贝的爱。入选的每件作品都包含着作者的浓浓巧思，也历经编者的严格甄选，包含了背心、披肩、开襟衫、套头衫、长裙等各种款式，亦包罗了圆领、鸡心领、苹果领、立领、翻领等多种类别。我们和读者朋友一样，钟情于《宝贝毛衫》这个简单的名字，打算继续沿用，以后我们还会继续推出《宝贝毛衫》第3辑、第4辑……希望每一辑作品不仅得到您的关注和支持，更能让您乐于参与其中！

每个人都是生活的设计师，都有发现美、创造美的能力。当编者看到每一件美妙绝伦的作品时，都忍不住想要收录记载下来，使之成为更多人可以学习和欣赏的典范。所以，如果您有好的作品，哪怕只是一件，也请记得联系我们，让我们替您记录下这美妙灵感诞生的瞬间。如果您对本书有何建议，也请不吝赐教，我们将虚心接纳，诚心感谢！

投稿邮箱：guimenyayun@163.com 投稿热线：0532-68068955 0532-68068956

编 者

2012年10月

「编织人生网站简介」

编织人生网站（网址：http://www.bianzhirensheng.com）创办于2003年，发展至今已有9年的历史，从一个小论坛发展到目前最大的编织爱好者的门户网站，经历了风风雨雨，背后蕴含着众多管理员和版主的辛勤劳动。网站内容丰富，覆盖钩针、棒针、机织、十字绣、布艺、梭编、刺绣、服装等方面，更有不少毛线店和编织工具店入驻网站，为编织爱好者提供了方便、省心、诚信的服务。编织人生论坛每日有十几万编织爱好者聚集于此，交流编织作品与编织心得，有数不清的新手在这里慢慢成为高手——编织人生是编织爱好者最贴心的交流园地。

作者自序

谁人学针工？此计叹无从！

编织是人类最古老的手工艺之一。

织毛衣，织的是一种温馨，一种柔情，一种浪漫的情怀，更是一种美丽的心情。感受的是那平平静静的暖意，享受着柔柔和和的幸福。

几根竹针，一团毛线，就那么缠缠绕绕，此时此刻的我们，有无尽的耐心和细致，在针针线线之间，用灵巧指尖，编织美丽的心情，畅享美丽的人生……

如果你还没有加入编织这个行列，在这个明亮的秋天不妨尝试一下吧，各种款式、色彩、纹理的集会，热情但不张扬，简洁但不粗糙，也许看似随意，但是每个细节却都有流行的影子。充满了细细流淌的岁月的味道，渲染着柔柔浪漫的纯真情怀。

怀着对编织的这份情意，出版了这本编织书，献给所有热爱编织的妈妈们和你们可爱的宝宝们。

作者简介

周微（绕指柔）

1977年2月1日出生，江苏常州人。

自幼在母亲的熏陶下学习编织，至今整二十载。用整颗心喜爱着编织。

于2005年开始经营毛线坊。在这其间，通过和广大编织爱好者交流和学习，真正体会到了编织的美与乐趣。或甜美，或休闲，或妩媚，或干练。

参加编织人生举办的编织班，收获颇丰。偶尔也会参加一些网上举办的编织比赛或活动，得奖之余收获更多的是那份与他人共同分享的快乐。

目录

Part1 初级篇（容易上手的背心、吊带、偏衫）

Part2 中级篇（更复杂一点的短袖衫、斗篷、长裙）

Part3 高级篇（相信你也可以完成的长袖衫、套装）

YOU

01

温婉小背心

wenwanxiaobeixin

制作方法详见第127页

采用粗而柔绵的特色结子线编织，厚实又温暖。简单的设计，巧妙的撞色，饱含着妈妈细腻的心思。

02 鸡心领背心

jixinlingbeixin

制作方法详见第128页

“蓝色调”和“鸡心领”，同是两个永恒的主题，却经久不衰。整件背心的特点在领部，衣身的麻花款式直接延续到领部，款式新颖而特别。

03 英伦风格彩条背心

yinglunfenggecai tiaobeixin

制作方法详见第129页

彩条背心动感十足，给人耳目一新的感觉。简单的鸡心领，是每个妈妈都要掌握的基本技巧哦！

04

海军风吊带

haijunfengdiaodai

制作方法详见第130页

蓝白色的搭配、清凉的款式，让人联想到帅气的海军服，时下流行的海军风轻松搞定。

05 多彩吊带衫

duocaidiaodaishan

制作方法详见第131页

各种颜色搭配织成的吊带衫，能表现出宝宝的活泼可爱之感，从视觉上给人以轻快的感觉。

06
粉色贴心小肚兜
fensetiexin
xiaodudou

制作方法详见第132页

小肚肚位置精心设计的可爱生动卡通图案，带宝宝进入童话般的世界，柔软的触感呵护宝宝娇嫩的身体，方便实用，不影响宝宝活动。

07 绽放的花朵

zhanfangdehuaduo

制作方法详见第133页

随意搭配的小花朵，不拘一格；独特的方领设计，使内搭衣服可以更加多样化。

08 秋意盎然

qiuyiangran

制作方法详见第134页

小偏衫穿脱方便，很适合年龄小的宝宝穿着。如此简单的设计，由于段染线的加入而显得气质非凡，与众不同。

09 间色对襟背心

jiansedui jinbeixin

制作方法详见第135页

清新的配色，简单的编织技法，却演绎出一款帅气十足的小背心。

10 五彩缀花衫

wucaizhuihuashan

制作方法详见第136页

用小花点缀在网格衣上，使衣服更绚丽多彩、生动活泼。这款小背心非常适合在夏季的海边穿着，很有范儿！

11
卡通网格长背心

katongwangge
changbeixin

制作方法详见第137页

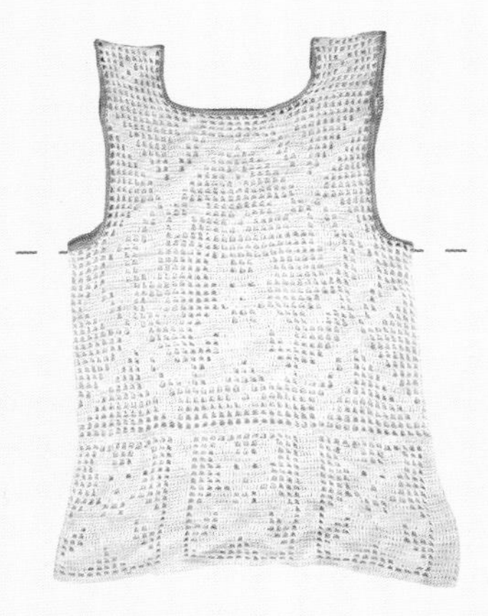

网格是钩针制品中的特色针法，仅仅用长针和锁针就可钩出明暗相间的复杂图形，可媲美蕾丝效果，赶快动手尝试一下吧！

12 钩织结合缎带裙

gouzhi jiehe duandaiqun

制作方法详见第138页

纯洁的白色，钩织结合的小缎带裙，将宝贝打扮成小公主原来如此简单。

Holidays
flower
shemadeco.
News

13 甜美吊带裙

tianmeidiaodaiqun

制作方法详见第139页

胸前绽放的立体花朵，精致而温馨，甜美得让人离不开视线，胸前褶皱的设计，为小宝贝增添了几分娴静的气质。

14 公主吊带裙

gongzhudiaodaiqun

制作方法详见第140页

温馨柔美的橡皮粉将宝宝映衬的粉粉嫩嫩的，吊带衫的整体线条简约流畅，横形花纹和镂空的针法相得益彰，肩带是系带型设计，既可凹造型又方便脱穿哦！

Contact
Sh•1

15 甜心吊带衫

tianxindiaodaishan

制作方法详见第141页

小小吊带衫很可爱很优雅，简单爽朗，特殊的凹凸针织面给宝宝带来不一样的视觉感受，设计理念独特。

16 玫瑰背带衫

meiguibeidaishan

Girl's Life

制作方法详见第142页

镶边钩出的边牙是妈妈的巧思，玫瑰花的装饰含蓄地提升了整件衣服品质，整件衣服充满生机，令小公主的美完美展现！

17 纯白小背心

chunbaixiaobeixin

制作方法详见第143页

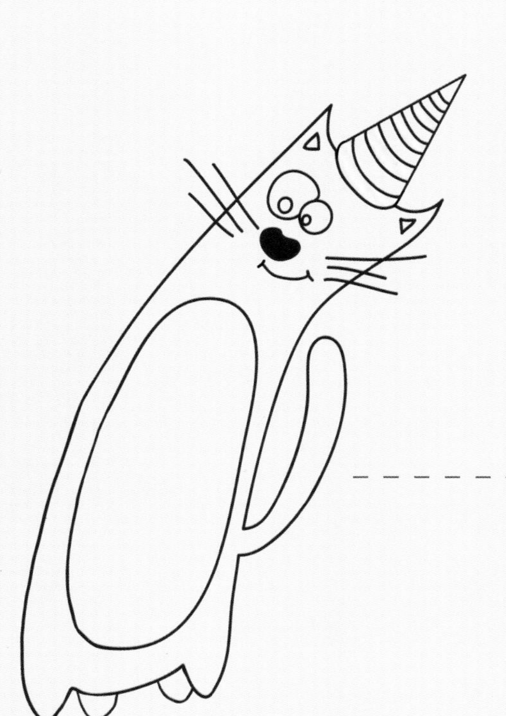

无瑕的白色，给人干净利落的感觉，宛若小精灵来到人间。简易的蝴蝶结系带作点缀，展现了高贵优雅的公主气质！

18

V字领 背心毛衣

Vzilingbeixinmaoyi

制作方法详见第144页

朴素的色彩组合，干净的线条，休闲大方，绝对的百搭款，新手妈妈可以尝试呢。

19 蓝色清新小背心

lanseqingxin xiaobeixin

制作方法详见第145页

整洁的天蓝色映衬了宝宝的肌肤，简单又显气质，这是款春秋冬都必不可少的针织背心。

20 紫色圆领衫

ziseyuanlingshan

制作方法详见第146页

深紫色的衣衣，加之胸前和肩部立体的串串花型，是不是令你也想起了紫色葡萄呢？好甜蜜的滋味！

21 黑色背心裙

heisebeixinqun

制作方法详见第147页

经典的黑色，时尚的款式，宝宝穿上不失纯真浪漫的气质。

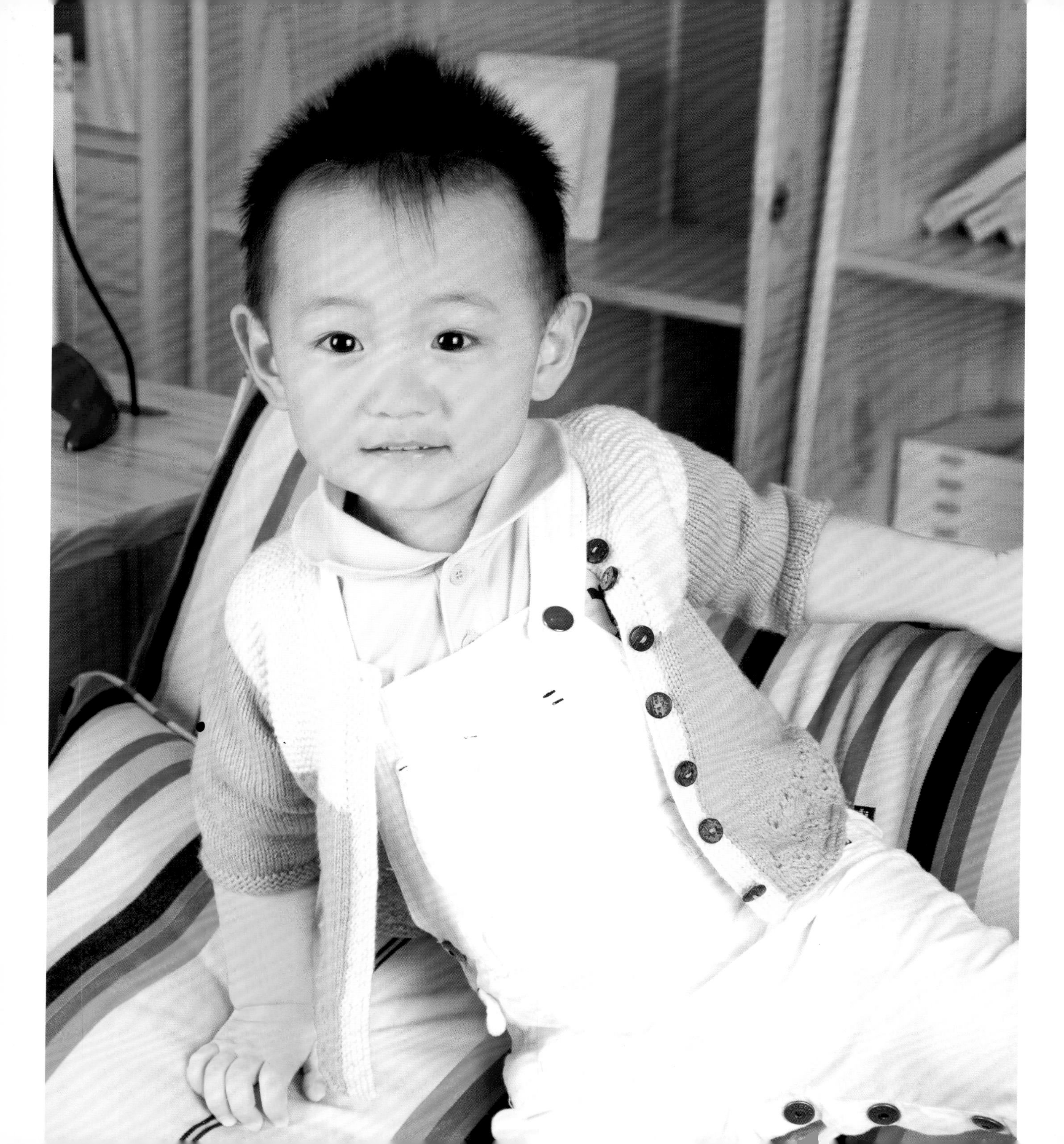

22

长袖开衫

changxiukaishan

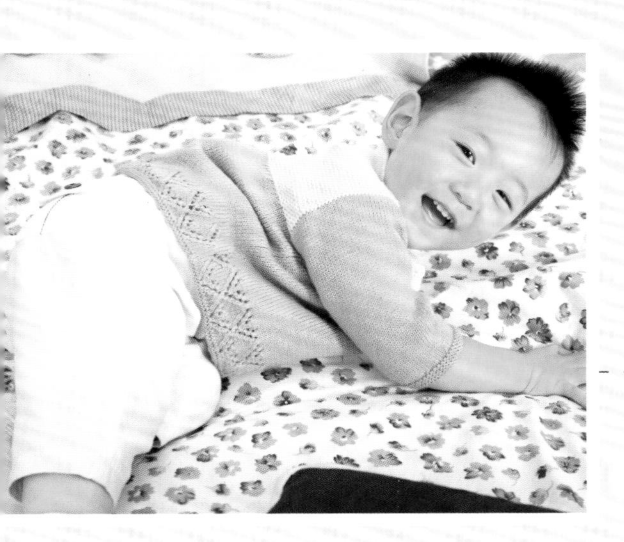

制作方法详见第148页

一款简单配色的小开衫，经典而易织，可以作为宝贝的衣橱必备款哦！

Asadal digital
Asadal has been running one of the biggest
since March 1998. More than 3,000
www.asadal.com, for

23 青果领毛衣

qingguolingmaoyi

制作方法详见第149页

青果领为毛衣增加了亮点，飞袖的设计使女孩子穿着更加轻盈灵动，如同插上一对天使般的翅膀。把毛衣外穿，搭配贴身的打底衫，就是本年度最流行的亮眼打扮了。

24
气质小开衫
qizhixiaokaishan

制作方法详见第150页

柔和的粉色，让整款开衫充满了甜美气息！而且百搭的款式可以满足妈妈那颗爱宝宝的心。

25

橙色小坎肩

chengsexiaokanjian

制作方法详见第151页

简单的针法，流畅的线条，时尚而随意。百搭的款，无限活力的橙色小风暴，妈妈们不要错过哦！

26 清爽无袖衫

qingshuangwuxiushan

制作方法详见第152页

独特的大翻领，很淑女，淡雅的颜色是夏日的必选，无袖的设计令宝宝清爽一夏哦！

27 半袖拼花衣

banxiupinhuayi

制作方法详见第153页

以白色方块镂空花拼接而成，让整个夏季清爽怡人，优雅又细腻的小美人造型，以针织衫来勾勒，是不是很特别呢？

青少年人性家具第1品牌

28 粉红小罩衫

fenhongxiaozhaoshan

制作方法详见第154页

规则的细密花样织成的小开衫，粉嫩的颜色令小宝贝更加娇嫩可人。内搭上一件别致大衬衣，小美女出境了！

29 活力橙色带帽衫

huolichengse daimaoshan

制作方法详见第155页

简单的针法，点缀用球球做成的装饰扣子，加上带帽子的设计打造出一个可爱、时尚、动感十足的小宝贝。

3

30 休闲外套

xiuxianwaitao

制作方法详见第156页

简洁的款式，简约而不简单，处处透露着休闲与雅致。领角的别致小花，让这件纯色毛衣，增添了许多的淑女风范。

31

一字领套衫

yizilingtaoshan

制作方法详见第157页

色彩鲜艳，给宝宝一个明亮又轻松的童年，俏皮的一字领，可爱又甜蜜。

32

清凉夏装

qingliangxiazhuang

制作方法详见第158页

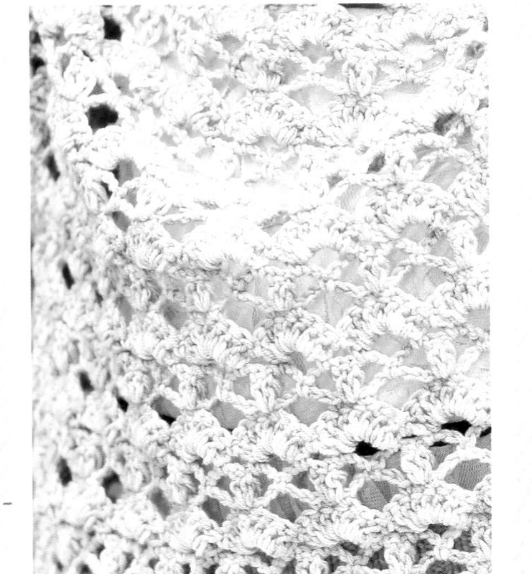

清爽的花色线看了很令人舒心，清凉的款式适合炎炎夏日，心动的妈妈不要错过哦！

Apple

33 黑色亮片带帽马甲

heiseliangpian daimaomajia

制作方法详见第159页

精美的无袖背心马甲，黑色亮片线很耀眼哦，无论在哪，宝贝都是焦点！

34 红色宝宝裙

hongsebaobaoqun

制作方法详见第160页

Girl's Life

热闹喜庆的中国红非常抢眼，衬得宝宝愈加靓丽，很有层次感的设计令人眼前一亮，非常夺人眼球哦！

3

35 绝美大翻领七分袖毛衣

juemeidafanling qifenxiumaoyi

制作方法详见第161页

绝美个性的大翻领，让整件衣衣变得柔和；精致的钩花花边，甜美又优雅；领口双排四粒纽扣，敞开的衣襟款式，运用了很大方的蓝色系，真是漂亮！

3

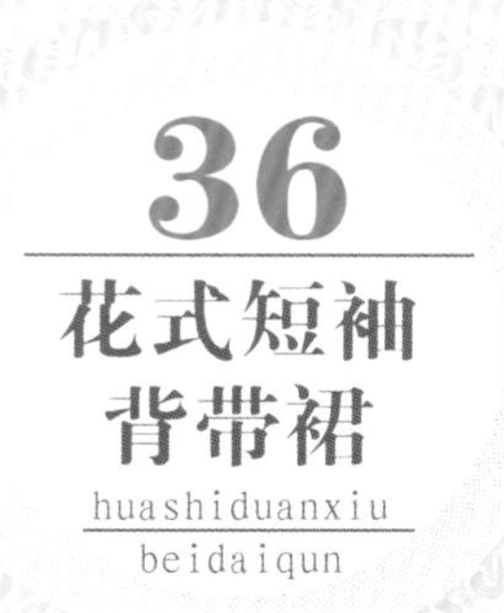

36 花式短袖背带裙

huashiduanxiu beidaiqun

制作方法详见第162页

A字裙款式，大方得体，春秋季搭配T恤或者衬衫穿，也可冬季内搭做打底裙穿，公主范儿十足。

37 带帽斗篷

daimaodoupeng

制作方法详见第163页

秋冬必备的宝宝斗篷，穿着既保暖又美丽！胸前与帽尖的毛线球球，活泼又可爱。

38 条纹口袋半袖衫

tiaowenkoudai banxiushan

制作方法详见第164页

经典的条纹，很好的契合宝宝这个年纪纯真、帅气的个性，精致贴心的立体口袋凸显童趣，彰显个性。

39 灵动蝴蝶裙

lingdonghudiequn

制作方法详见第165页

很公主、甜美的一款淑女风的裙子，散发出迷人雅致的气质。灵动的蝴蝶带来无限童趣，给宝贝不一样的爱。

40 蜜糖宝贝镂空衫

mitangbaobei loukongshan

制作方法详见第166页

简约的搭配，也能穿出明星般的闪亮和甜美感，你家宝贝也能比明星还有范儿。

3

41 圆领麻花套头衫

yuanlingmahua taotoushan

制作方法详见第167页

复古的竖条纹麻花，成就百搭的经典，舒适保暖，每一针每一线都蕴藏着妈妈深深的爱。

42 镂空叶子衫

loukongyezishan

制作方法详见第168页

镂空花样的应用使宝宝的衣物更加透气，花样的横向或纵向规则排列会与其他部分形成明暗度变化，让纹路更灵动。

43 麻花插肩衣

mahuachajianyi

制作方法详见第169页

简单条纹的编织令衣服富有变化，又令人注目。卷卷的衣领和修身的设计，让你恍然间觉得：我家宝贝长大了！

44 复古麻花辫带帽衫

fugumahuabian daimaoshan

制作方法详见第170页

古典的麻花织纹，立体感十足，厚实又不扎皮肤，冬天穿上它，宝宝一定会觉得很温暖哦！

45 蓝色宝贝

lansebaobei

制作方法详见第171页

清新的蓝色，经典简约，袖口采用细腻的罗纹收缩设计，帮宝宝将温暖锁住，从此和寒冷说再见！

46 男童开衫

nantongkaishan

制作方法详见第172页

春暖花开的时节，开衫这种历史悠久的服装款式备受亲睐，童趣的纯真色，阳光活力款，是宝贝们美好童年时光里必不可少的装备哦！

47

活力宝贝装

huolibaobeizhuang

制作方法详见第173页

花式线跳跃抢眼，衬托出孩子的可爱时髦。优质的编织手法为宝宝打造精致衣衣，手感十足，舒服至极。

48 立领套头衫

lilingtaotoushan

制作方法详见第174页

针织毛衣立领的设计别具特色，凸显小宝贝的与众不同，颇具浮雕感的图案，令单色也很抢眼哦！

Asadal digital
www.asadal.com, for

49 多色条纹衫

duosetiaowenshan

制作方法详见第175页

简洁开衫，穿脱方便，给宝宝一份惬意舒适。颜色的拼接和排列是衣服的重点，色彩搭配亮丽显眼，春风鲜亮的感觉凸显无疑，适合气质宝宝。

50 鸡心领套衫

jixinlingtaoshan

制作方法详见第176页

心形领的设计带来无限春意，展现小王子英伦风范，藏蓝色无限绅士，帅气十足。

51 绚丽色彩儿童套装

xuanlisecaiertong taozhuang

制作方法详见第177页

可爱的拼色及绚丽的色彩，是宝贝必备的百搭衣哦！橘色显眼靓丽，黑色经典大方，两者共同演绎着炫彩的童年。双色毛线球的跳动，给人以轻快活泼之感。

YOU

52 单排扣带帽外套

danpaikoudaimao waitao

制作方法详见第178页

休闲的小外套，单排纽扣款设计，容易解开，在寒冷的冬季可为宝贝内搭底衫再配外套叠色穿着。

制作方法详见第179页

黄、橙、蓝、绿……靓丽的色彩搭载着宝宝的梦想自由飞翔，毫无束缚的自由自在精彩童年就是要尽情地展示。

54

学院风毛衫

xueyuanfengmaoshan

制作方法详见第180页

学院风的灵感设计，袖口的收紧效果使宝宝更保暖，也与领口做了一定的呼应。黑色的插色设计使小毛衣更具视觉感和立体感，是宝贝大爱的小毛衣。

Digital
Asadal has been
domain and web hosti
have visited
since

55 红白相间套头毛衫

hongbaixiangjian taotoumaoshan

制作方法详见第181页

大红色与白色的拼接给人以视觉冲击，避免了单调和沉闷，增加了宝宝的活力热情度，小朋友们都会争相来和他做朋友哦。

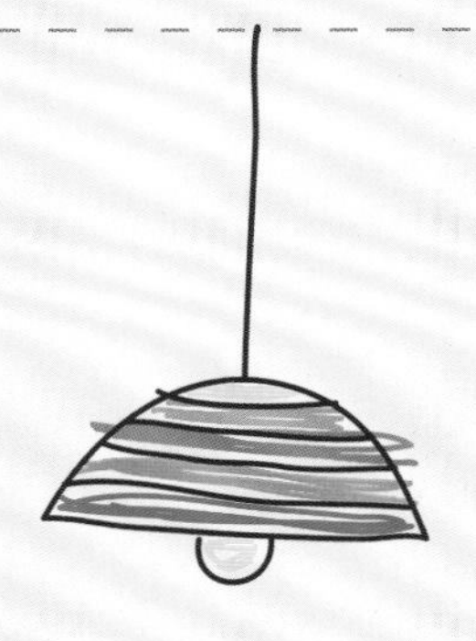

56
可爱撞色小开衫
keaizhuangse xiaokaishan

制作方法详见第182页

异色边的撞色非常有质感，提升衣衣的时尚度，简单、俏皮的花边点缀，看到就移不开眼呢。

57 纯色圆角开衫毛衣

chunseyuanjiao kaishanmaoyi

制作方法详见第183页

很有特色的圆角边设计，加之麻花辫的装饰，诠释出非凡的时尚感，宝宝的童年也可以很fashion。

58 保暖高领套头衫

baonuangaoling taotoushan

制作方法详见第184页

冬日寒风凛冽，温暖的高领设计为宝宝防风保暖，收缩下摆让衣衣更贴合身材不走位，胸前的烫钻图案，看起来时尚可爱，绿野仙踪的清爽绿色，又不失活泼。

59 阳光桃红小开衫

yangguangtaohong xiaokaishan

制作方法详见第185页

亮亮的糖果色，宝宝穿上很抢眼哦，小蘑菇扣和衣摆的花边装饰让宝宝显得很淑女。

3

制作方法详见第186页

腰胸位置的高腰线把身形的比例拉高，显得修长挺拔，

简单而不单调的款式，宝贝们一定会爱上它哦！

61

优雅公主裙

youyagongzhuqun

制作方法详见第187页

高腰线的设计，拉长了宝贝的身形，下摆的一串串镂空小花动感十足，把毛衣点缀得可爱迷人。

62 靓丽花边裙

liang li hua bian qun

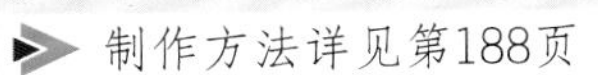

制作方法详见第188页

小小性感的V字领，可是小女生的大爱。衣服下摆玫红和白色的双层花边是整件衣衣的独特之处，更显精致优雅。

63

小熊帽外套

xiaoxiongmaowaitao

制作方法详见第189页

主体小清新的草绿色，加之白色与绿色和谐的拼接，很舒服的感觉，两个立体小口袋让爱幻想的小宝贝无限欣喜哦！卡通小熊帽肯定会令宝宝爱不释手。

64 插肩袖套装

chajianxiutaozhuang

制作方法详见第190页

干练的七分袖短打样式，适合活泼好动的宝宝，活动自如，不受束缚。复古的木质纽扣更显气质，长裤与上衣完美搭配，裤摆的花纹和衣服相互辉映。

page 7

01 温婉小背心

【成品尺寸】

胸围：60cm　衣长：38cm　肩宽：23cm

【密度】15针×25行=10平方厘米

【工具】5mm、5.5mm棒针

【材料】特色结子线400g，蓝色毛线适量

【制作方法】

前片：用5.0mm棒针、蓝色线起54针，从下往上织花样A1.5cm，换5.5mm棒针、特色结子线织上针20.5cm，两边各收去5针，具体收针参照图解。开始收挂肩，收挂后织10cm收领子，按图解两边收针，织6cm后平收两边肩部。

后片：用5.0mm棒针、蓝色线起54针，从下往上织花样A1.5cm，换5.5mm棒针、特色结子线织上针20.5cm，两边各收去5针，具体收针参照图解。开始收挂肩，收挂后织13.5cm收领子，按图解两边收针，织2.5cm后平收两边肩部。

收尾：前后片缝合。按图解用蓝色线挑领边75针编织花样A1.5cm，收针。用蓝色线挑袖笼边34针编织花样A1.5cm后收针。

前后片颜色相同。

本书图解制作人员：

吴晓丽　祝文艳

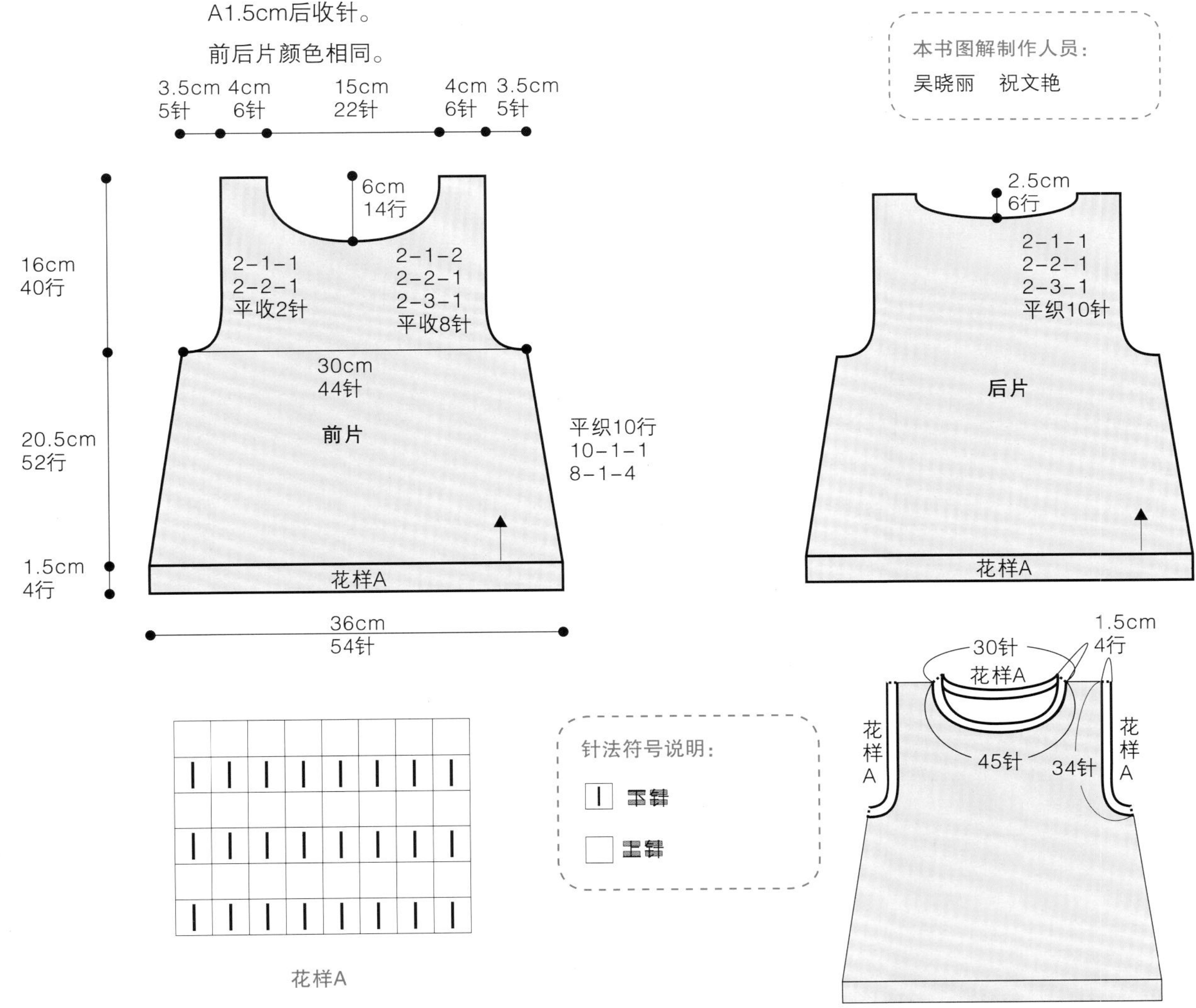

page 9

02 鸡心领背心

【成品尺寸】

胸围：70cm

衣长：40cm

适合4~5岁的男女童穿着。

【工具】9号棒针

【密度】22针×32行=10平方厘米

【材料】中粗棉线150g

【制作方法】

前片：背心是从下摆起针往上织。起78针。按相关针法图织3组绞花，然后在前片中心线上维持左右各一组绞花，其他全织下针。到20cm后腋下16针换织成一行正针一行反针织2cm。再开始在腋下平收6针，同时开始织前领。前领收针方法是：每4行收1针，收11次，肩上的22针留下待和前片合并时用。

后片：仍是从下摆起针往上织。起78针。按相关针法图织3组绞花，然后换织下针到20cm，腋下16针换织成一行正针一行反针2cm。再开始在腋下平收6针，不加不减往上织到18cm，后领平收22针，将肩上的针和前片左右肩上的22针合并好。最后将前、后片的两侧腋下线合并好。

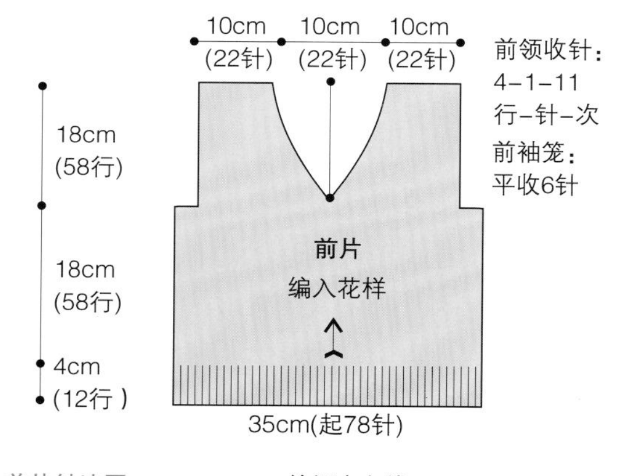

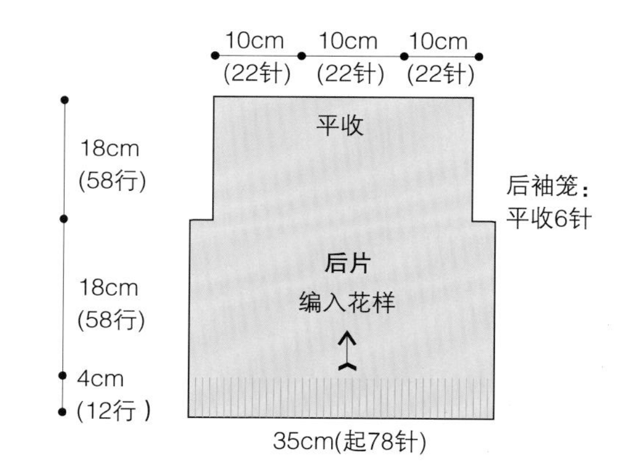

前领中心线

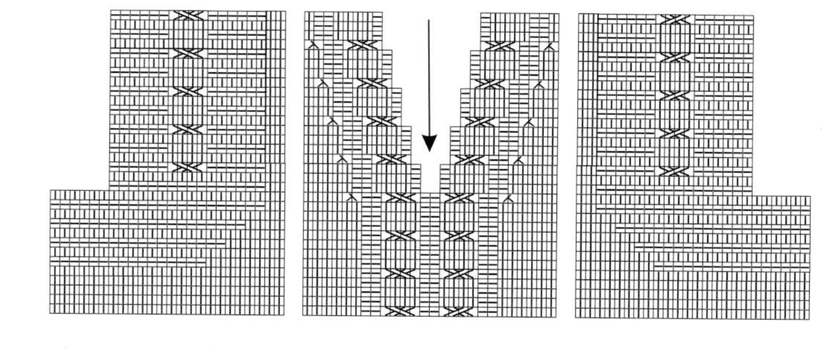

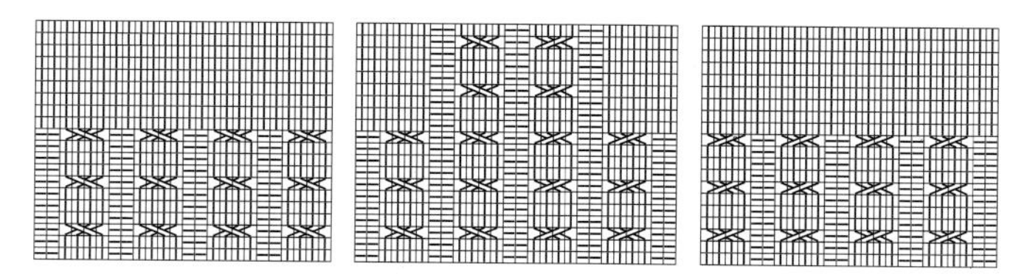

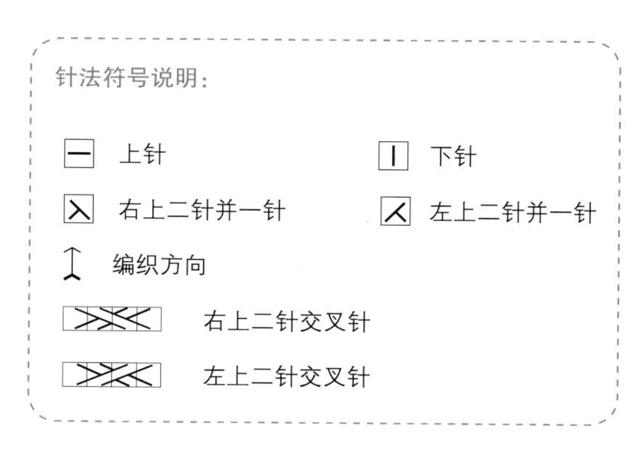

page 11

03 英伦风格彩条背心

【成品尺寸】

胸围：56cm

衣长：33cm

肩宽：24cm

【工具】11号棒针

【密度】37针×42行=10平方厘米

【材料】丝光棉线白色80g、蓝色30g、红色30g

【制作方法】

前、后片：用白色线起208针织单罗纹，圈织8行，换红色线圈织8行；完成底边。换白色线按花样针法图编织身片，即每6针下针间隔1针上针；按图示配色。继续织2cm后结束圈织，开始分前后片；在织物两侧用别的线串起8针不织(此8针为腋下停针)，前后片各余96针。

后片收针：两侧袖笼收针为每2行减2针，减2次；每2行减1针，减2次；每4行减1针，减1次，如此减完后，后片余82针。后领窝从一侧织22针后，翻转织物，收6针后继续织2行；中间38针串起停织；另一侧同样。

前片收针：V领减针参照详细织法图，袖笼收针方法同后片。

缝合：前后衣片织好后，在肩部的背面将前后两片2针并1针然后将前一针套收。

收尾：前后领连接好后，在领部和袖笼部分如图挑针各织3行蓝色、3行白色的单罗纹针。将线头用针往回穿过五六针藏好，完成。

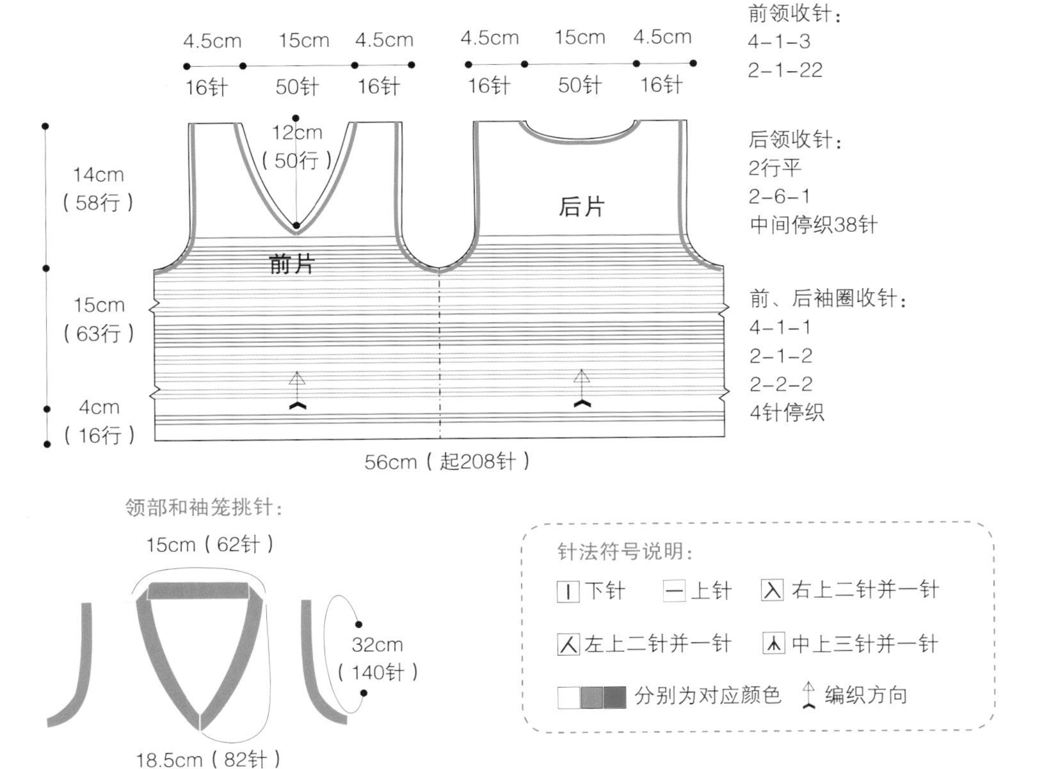

花样针法图：

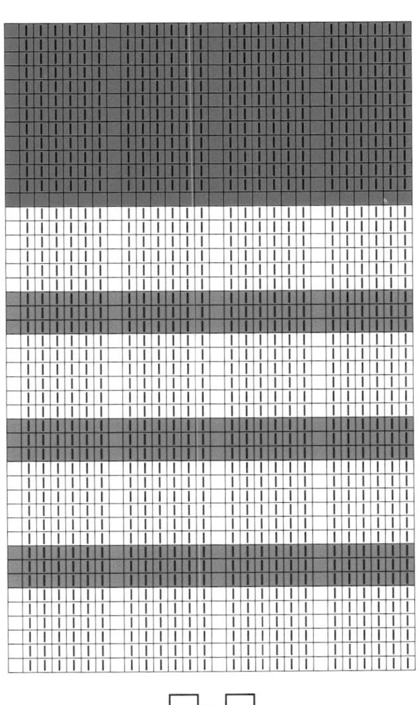

page 13

04 海军风吊带

【成品尺寸】

胸围：64cm

衣长：34cm

【工具】9号棒针

【密度】24针×34行=10平方厘米

【材料】中粗棉纺线60g，白色配线少量

【制作方法】

前片：衣服是从下摆起针往上织。起78针，按花样针法图往上织到14cm时（同时在这一段中间要分别织入2行白色）。在两侧腋下平收2针、每4行收2针收8次，再用白色线不加不减往上织8行双罗纹，两端6针各往上织一行上针一行下针为肩带，织16cm。中间平收30针。

后片：和前片一样仍是从下摆起针往上织。起78针按花样针法图往上织到14cm时（同时在这一段中要分别间织入2行白色）。在两侧腋下平收2针、每4行收2针收8次，再用白色线不加不减往上织8行双罗纹，两端6针和前肩带合并。中间平收30针。

收尾：最后将前、后片的两侧腋下线合并好。

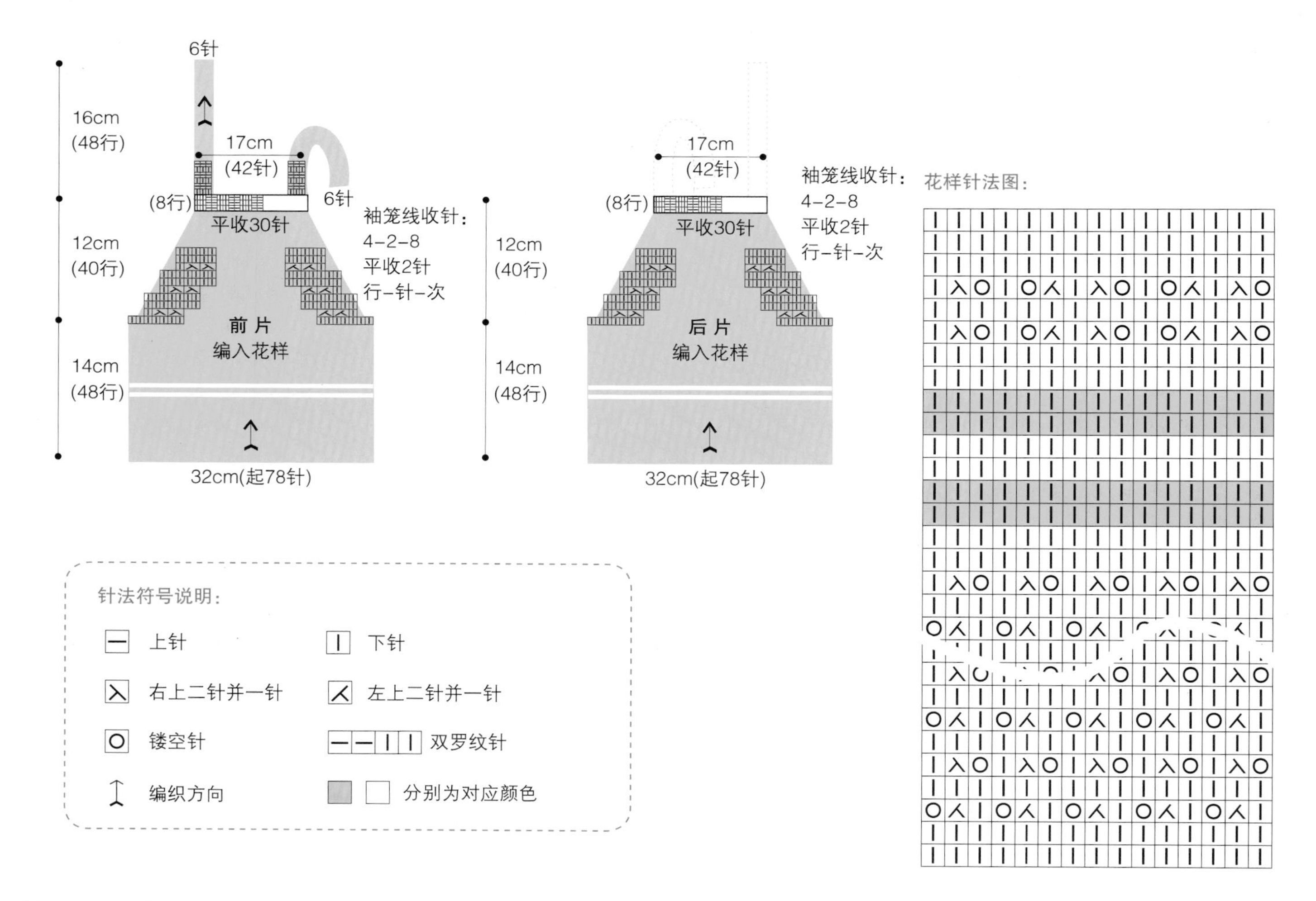

page 15

05 多彩吊带衫

【成品尺寸】

胸围：58cm

衣长：28cm

【密度】34针×48行=10平方厘米

【工具】2.5mm棒针

【材料】白色毛线50g，淡蓝、深蓝、酒红、姜黄、天蓝、枣红、大红毛线各少量

【制作方法】

前后片：用2.5mm棒针、白色线起86针织下针，右边放针，每6行加2针加4次，共织5cm（24行）。开始换线编织，分别为2行淡蓝、2行深蓝、2行淡蓝、2行酒红、2行淡蓝、2行深蓝、2行淡蓝、6行姜黄、2行白色、6行深蓝、6行天蓝、6行枣红、6行大红、6行枣红、6行天蓝、6行深蓝、2行白色、6行姜黄、2行淡蓝、2行深蓝、2行淡蓝、2行酒红、2行淡蓝、2行深蓝、2行淡蓝，换白色线编织，右边收针，每6行收2针收4次，共织5cm（24行），平收。

肩带：用2.5mm棒针、天蓝色线起14针，织8行天蓝、4行大红、4行姜黄、8行枣红、8行白色，重复9次，共织288行，60cm。织2条。两边缝合，翻到正面，两头缝合，把它缝在前后衣片上.

收尾：前后衣片缝合后，上下边用白色线挑针织下针1cm，往里缝合。

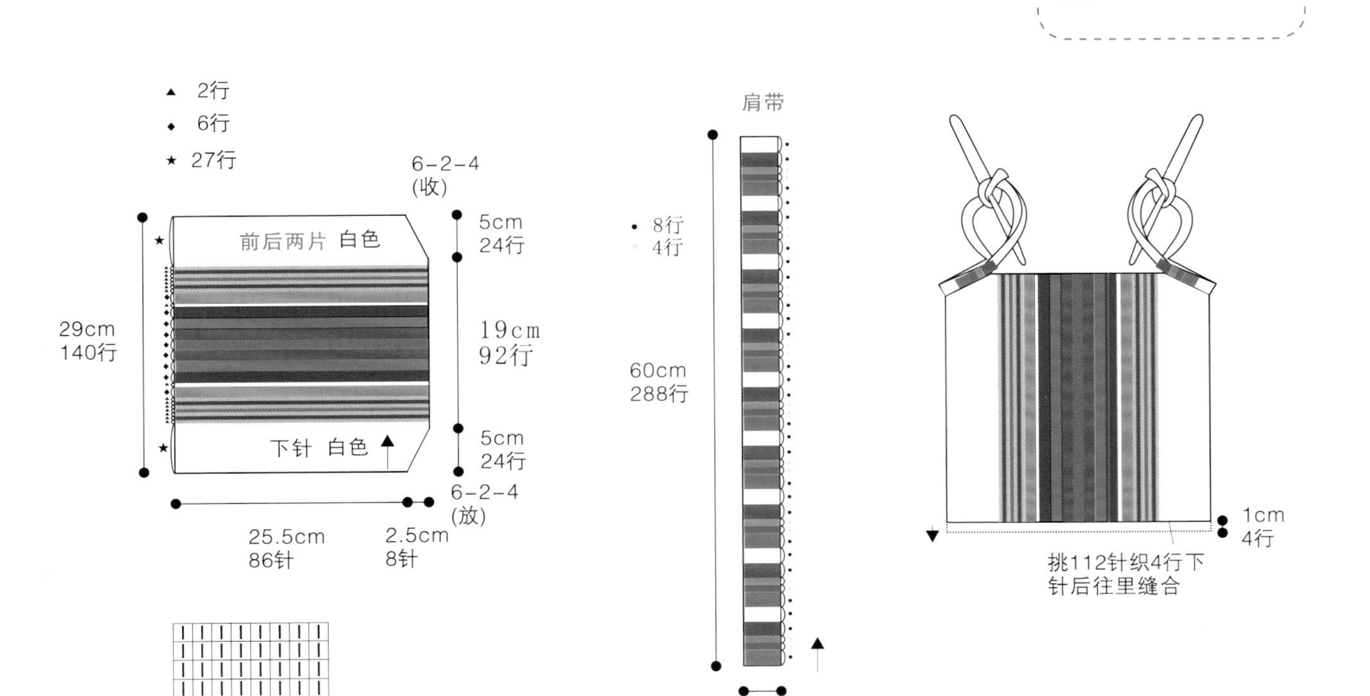

page 16

06 粉色贴心小肚兜

【成品尺寸】

胸围：64cm　衣长：45cm

【密度】26针×40行=10平方厘米

【工具】3.0mm棒针

【材料】粉色圆棉200g

【制作方法】

前片：用3.0mm棒针、粉色圆棉线起89针织单罗纹2cm，按图解中间收掉6针，中间隔行收1针，收针方法如图3针并1针，剩下83针按右图织，中间留11针两边引返编织，24行每行增加3针，织到右边增加3针，织到左边增加3针，直到总针数为83针，开始编织下针，编织11cm（44行）后两边开斜肩，具体方法参照图解。

后片：用3.0mm棒针、粉色圆棉线起83针，织单罗纹2cm，开始编织下针，编织11cm（44行）后两边开斜肩，具体方法 参照图解.

带子：按图解编织2条单罗纹长带子和1条短带子，备用。

收尾：前后片、带子缝合，用红色线绣上图解。

针法符号说明：

| 下针
□ 上针
人 中上3针并1针

前片：9cm 24针，14cm 35针，9cm 24针；2cm 15针；9cm 36行，11cm 44行，2cm 8行，6cm 24行；2-1-3，2-2-1，2-1-1，2-1-3（6回），平收15针；2-1-1，2-2-1，2-3-1，2-4-1，平收15针；前片 下针；单罗纹；起89针；32cm 83针

后片：13.5cm 35针，5cm 13针，13.5cm 35针；9cm 36行，11cm 44行，2cm 8行；平织一行 1-1-35；后片 下针；单罗纹；32cm 83针

带子：60cm 252行，单罗纹，11针；14cm 60行，单罗纹，11针

3针，3针，3针，3针，5针

24行每行多织3针
直到总针数为77针

单罗纹针针法图:

page 17

07 绽放的花朵

【成品尺寸】
胸围：72cm
衣长：39cm
肩宽：29cm

【工具】2/0号钩针
【密度】28针×13行=10平方厘米
【材料】彩色棉线120g，其他色配线各少量

【制作方法】
前片、后片：衣服是从下摆起针往上钩织。起186针围绕成圆圈状往上钩织。按花样针法图往上钩织，到23cm。开始收挂肩。方法是将所有的针一分为二，形成前后两片。
先织前片：在袖笼侧的两侧腋下平收12针，然后不加不减往上织到6cm后开始织前领。
前领收针方法：平收47针，两侧11针为前肩，继续往上钩织10cm待和后肩合并用。再织后片，和前片一样仍在袖笼侧的两侧腋下平收12针，然后不加不减往上织到15cm后开始织后领。
后领收针方法：平收47针，两侧11针为后肩，继续往上钩织1cm，和前肩合并好。在前、后领周围按相关针法图示钩织一行短针及一行逆短针。用各种颜色的零线钩织好11朵装饰小花，不规则地缝在前片上。

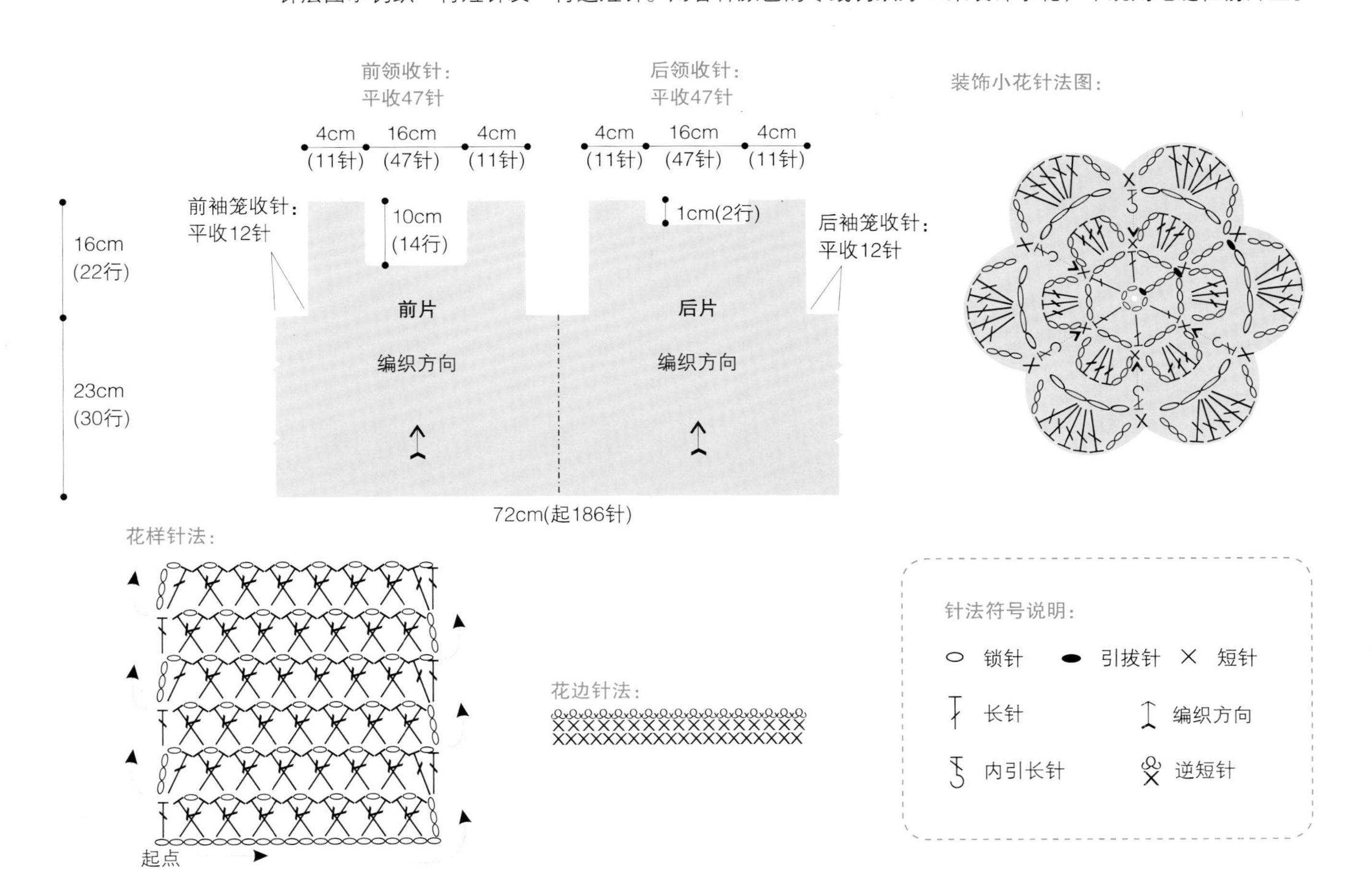

page 19

08 秋意盎然

【成品尺寸】

胸围：66cm

衣长：37cm

肩宽：25cm

【工具】2/0号钩针

【密度】28针×13行=10平方厘米

【材料】段染纯棉线100g

【制作方法】

前片：衣服是从下摆起针往上钩织。起56针。按相关针法图往上钩织花样，往上钩织到17cm时要开始收前领。

先平收1针，再每行收1针收28次。在袖笼侧钩织到22.5cm，在腋下平收11针，再不加不减往上钩织到14.5cm时， 肩上的13针和后肩合并用。

后片：和前片一样仍是从下摆起针往上织。起94针。按相关针法图往上钩织花样，钩织到22.5cm，在腋下平收11针，再不加不减往上钩织到14.5cm时， 肩上的13针和前肩合并。

缘编：在门襟及前、后领周围按相关针法图示钩织2行短针及狗牙针，在下衣摆往下织4行短针，最后在门襟两侧各安装两条系带。

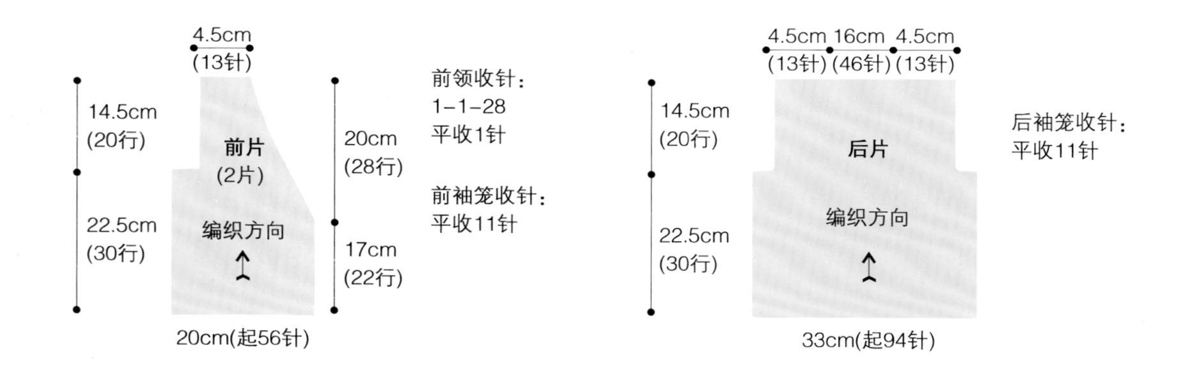

花边针法：

系带针法图：

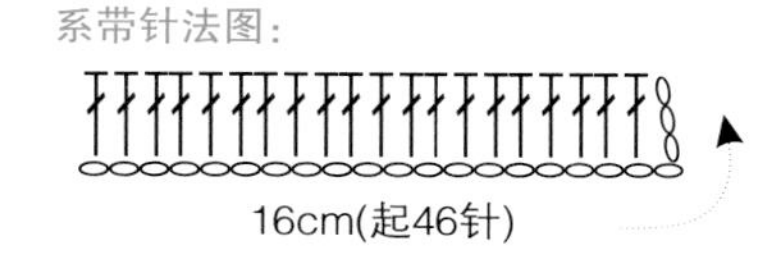

花样针法：

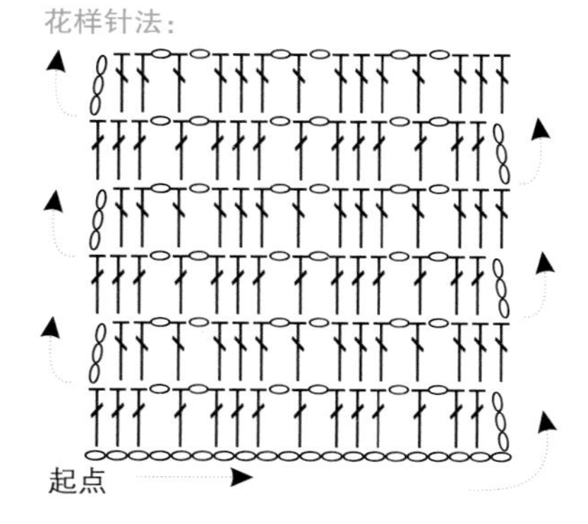

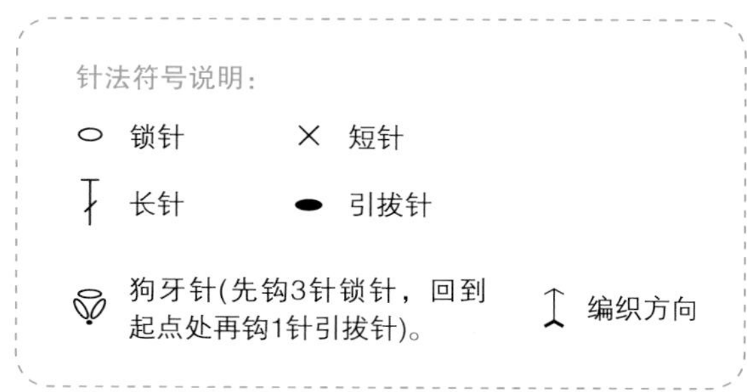

page 21

09 间色对襟背心

【成品尺寸】

胸围：72cm

衣长：39cm

肩宽：26cm

【工具】2/0号钩针

【密度】36针×10行=10平方厘米

【材料】双股白色棉线100g，其他色配线少量

【制作方法】

前片、后片：衣服从下摆起260针呈片状往上钩织。按花样针法图往上钩织到23cm开始收挂肩。方法是将所有的针分为四份，两个前片各占一份，后片占两份。

前片收针：在袖笼线的两侧按收针图示减针。前领收针方法仍是按收针图示减针，完成前肩，待和后肩合并用。再钩织好另一个对应的前肩。

后片收针：和前片一样仍在袖笼线的两侧按收针图示减针，往上织到14cm后，将后领处的针停织。两侧为后肩，继续往上钩织2cm，再和前肩合并好。

收尾：在前、后领和袖笼周围按相关花边针法图示钩织花边，并钉好三颗纽扣。最后按口袋花样针法图钩织两个口袋，加装在衣服前片的相应位置上。

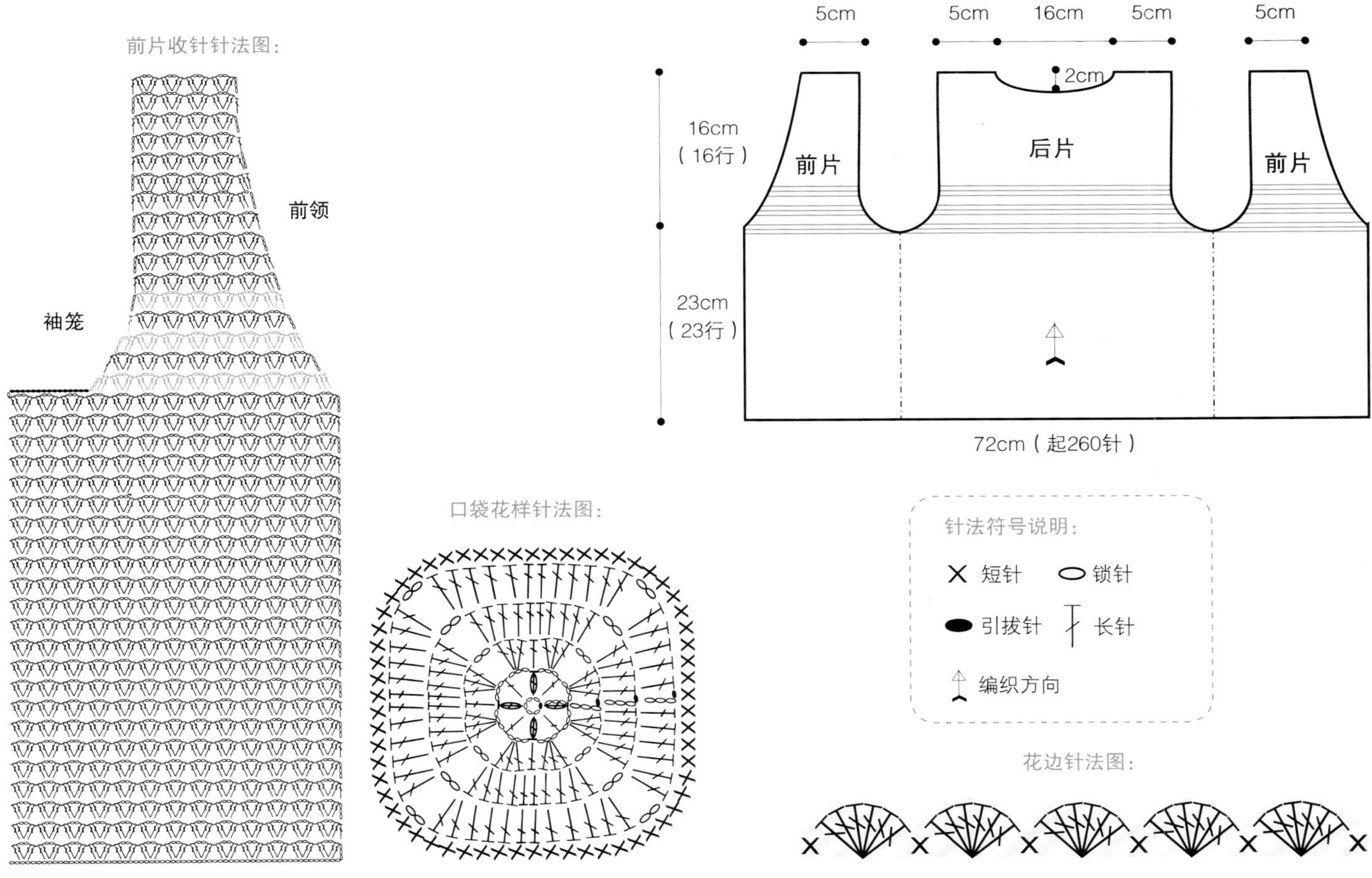

10 五彩缀花衫

【成品尺寸】

胸围：68cm

衣长：39cm

肩宽：26cm

【工具】2/0号钩针

【密度】32针×13行=10平方厘米

【材料】双股白色棉线80g，其他色配线各少量，装饰小珠

【制作方法】

前片、后片：衣服是从下摆起针往上钩织。起232针围绕成筒状往上钩织，按相关针法图往上钩织花样A，然后钩织花样B，至23cm开始收挂肩。方法是将所有的针一分为二，形成前后两片。

前片减针：在袖笼线的两侧按收针图示减针，往上织到6cm后开始织前领。前领收针方法仍是按收针图示减针，两侧为前肩，继续往上钩织10cm后，留下待和后肩合并用。

后片减针：和前片一样仍在袖笼线的两侧按收针图示减针，往上织到13cm后，将后领处的针停织。两侧为后肩，继续往上钩织3cm，再和前肩合并好。

收尾：在前、后领和袖笼周围换粉色线按相关花边针法图示钩织花边。用各种颜色的零线钩好11朵装饰小花，花芯装上小珠缝在衣服相应位置。

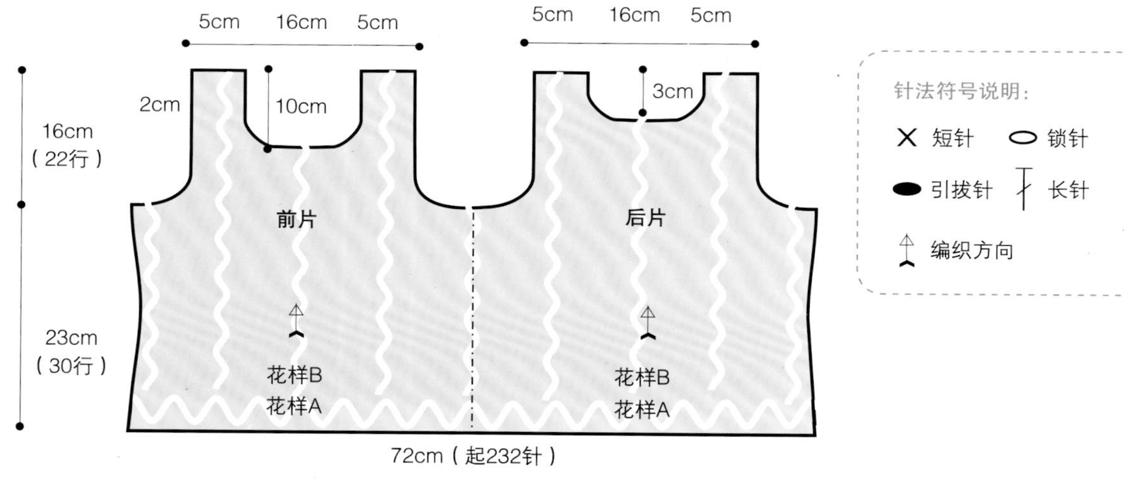

针法符号说明：

× 短针　⬭ 锁针

⬬ 引拔针　长针

编织方向

前片针法图：

前领

袖笼

花样A针法图：

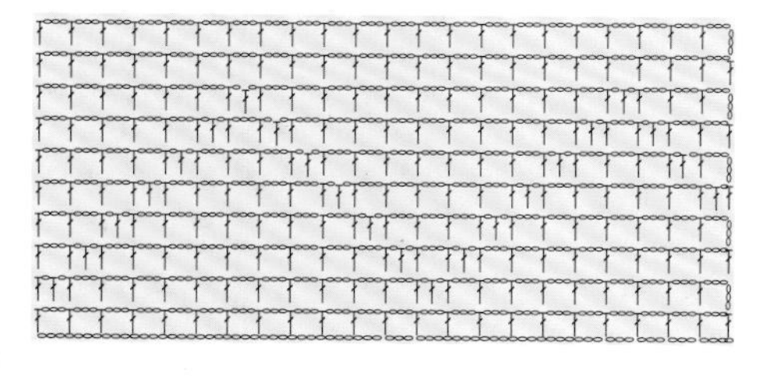

花边针法图：

装饰小花针法图：

花样B针法图：

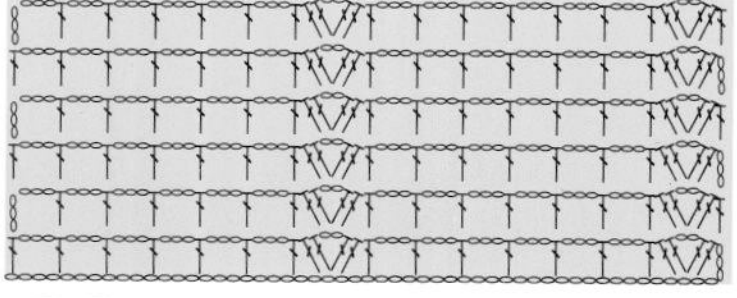

page 25

11 卡通网格长背心

【成品尺寸】

胸围：64cm

衣长：50cm

【工具】1.5mm钩针

【密度】一个单元格=0.63cm×0.72cm

【材料】双股白色棉线100g，其他色配线少量

【制作方法】

前片：从下摆位置起针往上钩织。起153针(每个格3针)，共51个单元方格。按针法图往上钩织到32cm。

开始按相关针法图示钩织出袖笼圈的弧形，往上钩织4cm后要开始收出前领弧线。

后片：从下摆位置起针往上钩织。起153针(每个格3针)，共51个单元方格。按针法图往上钩织到32cm。开始按相关针法图示钩织出袖笼圈的弧形，往上钩织11cm后要开始收出后领弧线。

收尾：最后用蓝色线在领围及袖笼周围钩两圈短针作为装饰并起到一定的定型作用。

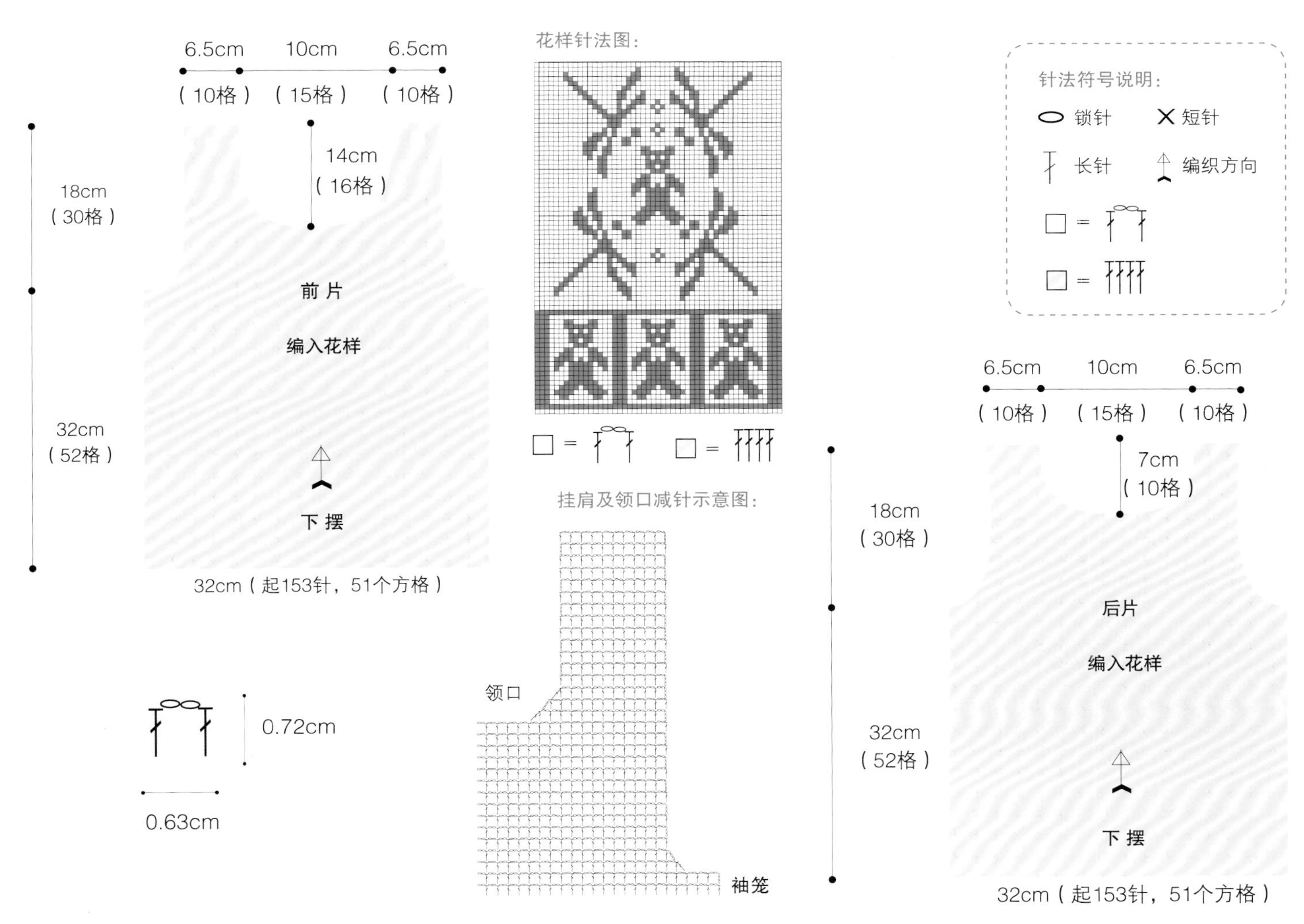

12 钩织结合缎带裙

【成品尺寸】

胸围：60cm

衣长：45cm

【工具】1.5mm钩针、10号棒针

【密度】下半部分：10针×4行=一个单元花样　上半部分：24针×30行=10平方厘米

【材料】中粗棉线220g，100cm长丝带一条

【制作方法】

裙片：从裙腰位置起220针按花样针法图往下钩织。纵向共钩织五组花样，注意钩织到第三组花样时要加针。

上衣：用棒针从裙腰钩织的起针处平均挑出144针（前72针+后72针）。往上织3cm一行上针一行下针，开始收袖圈的弧线。袖笼平收3针，再按每2行收2针收2次、每2行收1针收2次的规律收针。再织6cm后要开始收出前领的弧线，领窝在中间平收20针，两侧再按每2行收2针收2次的规律收针。

缎带：合并好前、后肩后用一根100cm长的丝带，每隔三个长针穿入腰上的长针中，并在腰侧打好蝴蝶结装饰。

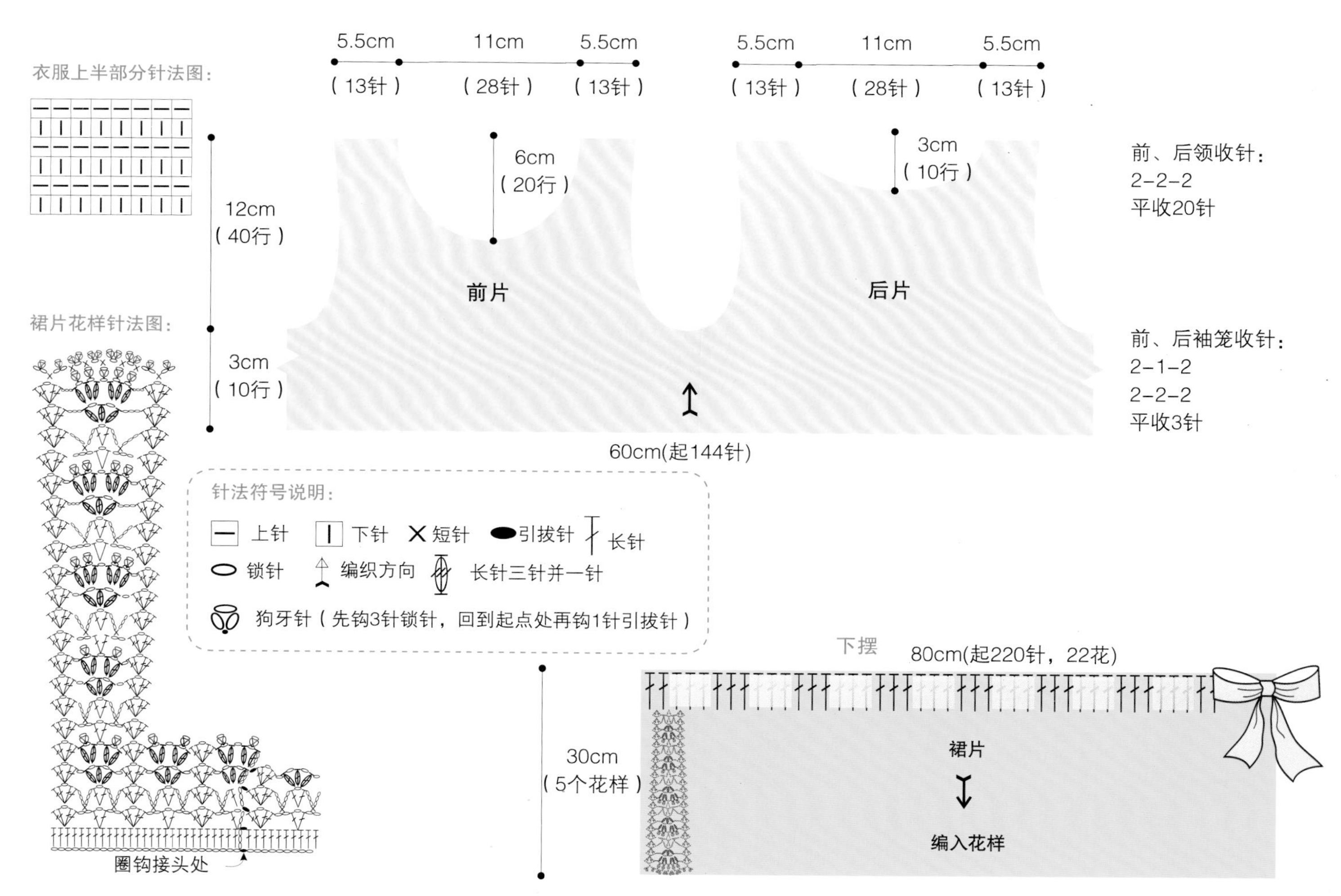

page 29

13 甜美吊带裙

【成品尺寸】

裙身宽：84cm　衣长：43cm

【密度】28针×42行=10平方厘米

【工具】2.5mm棒针，2.0mm钩针

【材料】花点肉粉色线300g，白色线少许

【制作方法】

前片（后片）：用2.5mm棒针、花点肉粉色线起118针，织下针30cm（126行）后开挂肩，其中第21行织一行下针，以方便后面钩花边。按图解收袖笼，开挂后织到第32行、33行开始收针，两边2针并1针，收8次，中间3针并1针，收20次，共收掉56针，剩38针，平收。后片与前片织法同。

肩带：用2.0mm钩针、花点肉粉色线按花样A在衣片上直接钩38针短针、24针锁针、38针短针、24针锁针，圈织。注意：花样A画了二分之一部分。

花边：衣边用2.0mm 钩针、白色线钩花样B，在一行上针同样用2.0mm钩针、白色线钩另一种花边，如图。

装饰：按图解用2.0mm钩针、花点肉粉色线钩三层立体花朵缝在胸前。

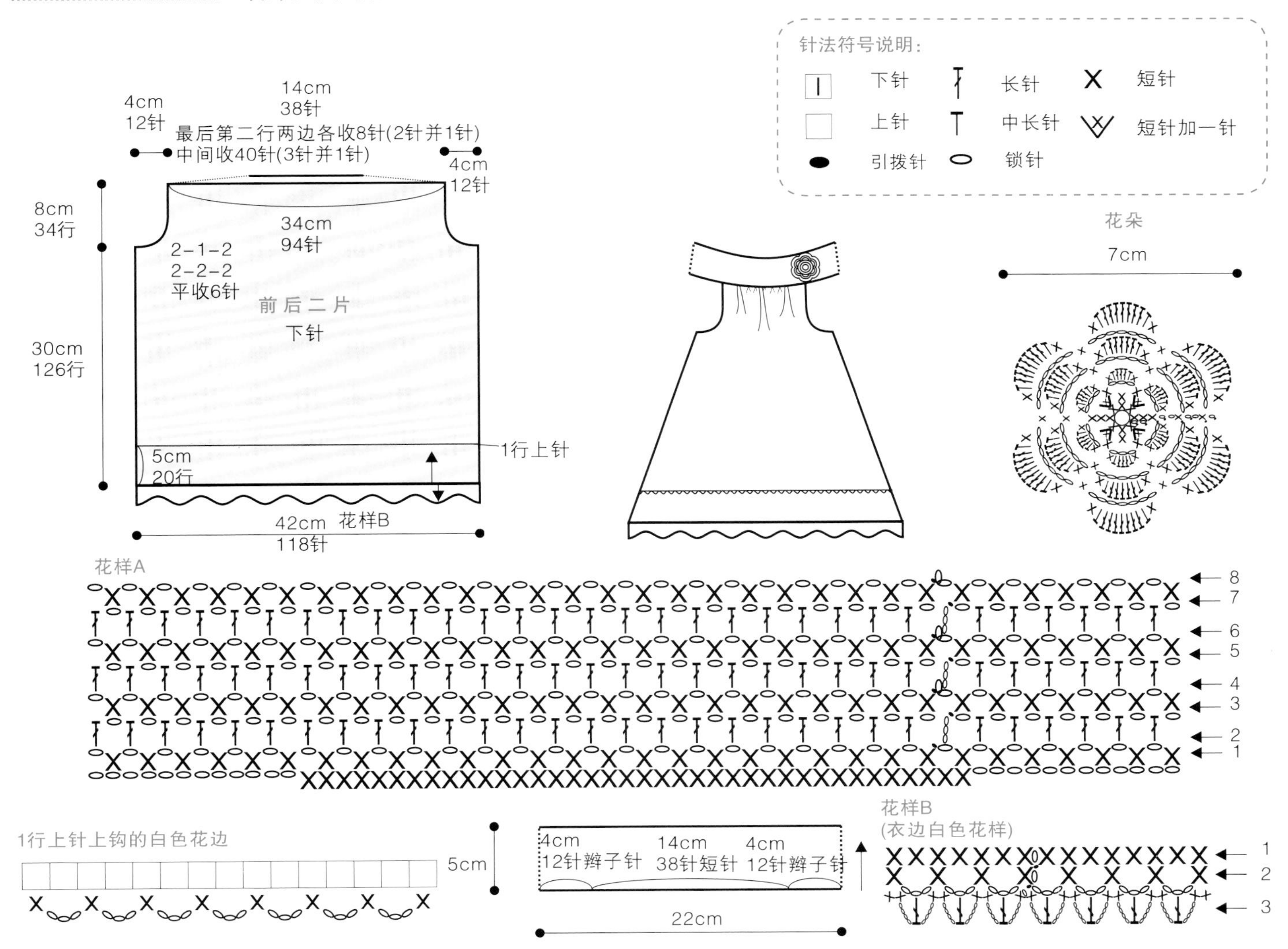

【成品尺寸】

胸围：56cm

衣长：36cm

【密度】26针×40行=10平方厘米

【工具】9号棒针，5号钩针

【材料】丝光棉200g

14 公主吊带裙

【制作方法】

本款前、后片织法相同，两片织好后缝合即可。

前后片：起91针织全平针4行，继续织花样，平织88行后织全平针，再织22cm开挂肩，腋下平收7针，依次减针，织22行中心平收25针，两侧依次减针，最后剩10针织肩带，肩带织17cm平收。织相同的另一片，织完缝合即完成。

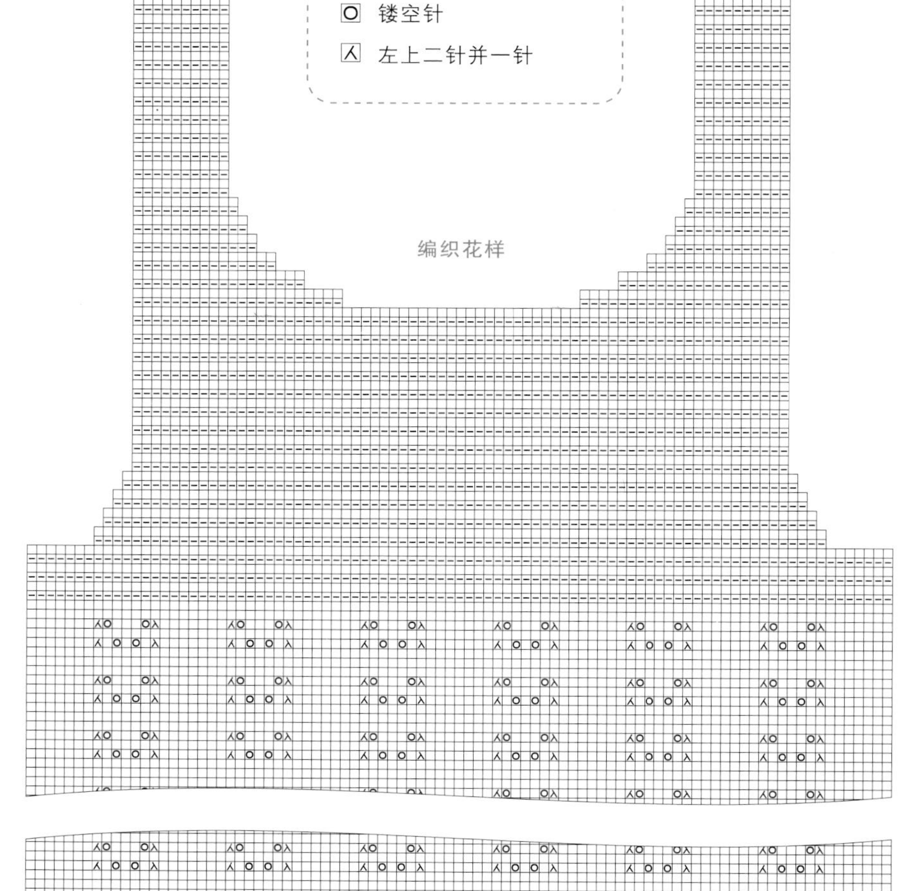

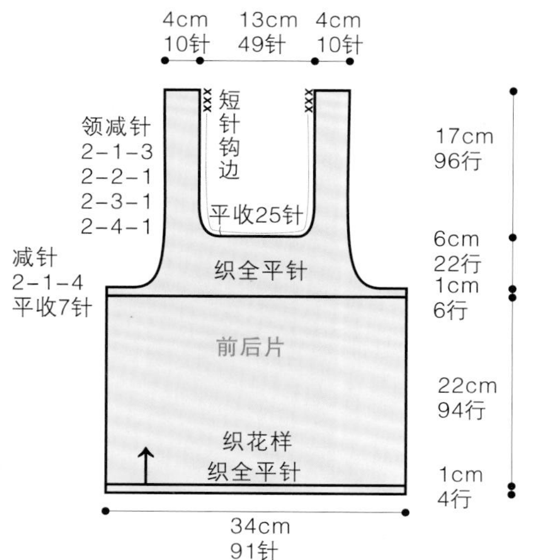

page 33

15 甜心吊带衫

【成品尺寸】

胸围：56cm

衣长：36cm

【密度】27针×40行=10平方厘米

【工具】9号棒针，5号钩针

【材料】兔毛、羊毛共200g

【制作方法】

本款衣服前、后片相同，织2片缝合即可。

前、后片：用9号棒针起93针织全平针4行，上面织花样，织22cm再织全平针6行，此时将针数分为三部分，中心45针织花样，两侧织全平针，同时开挂肩，腋下平收7针，再依次减针，中心花样织17行，上面继续织全平针，织6行开始收领窝，中心平收27针，两侧依次减针，肩织17cm平收。

收尾：沿领口钩一行短针，完成。

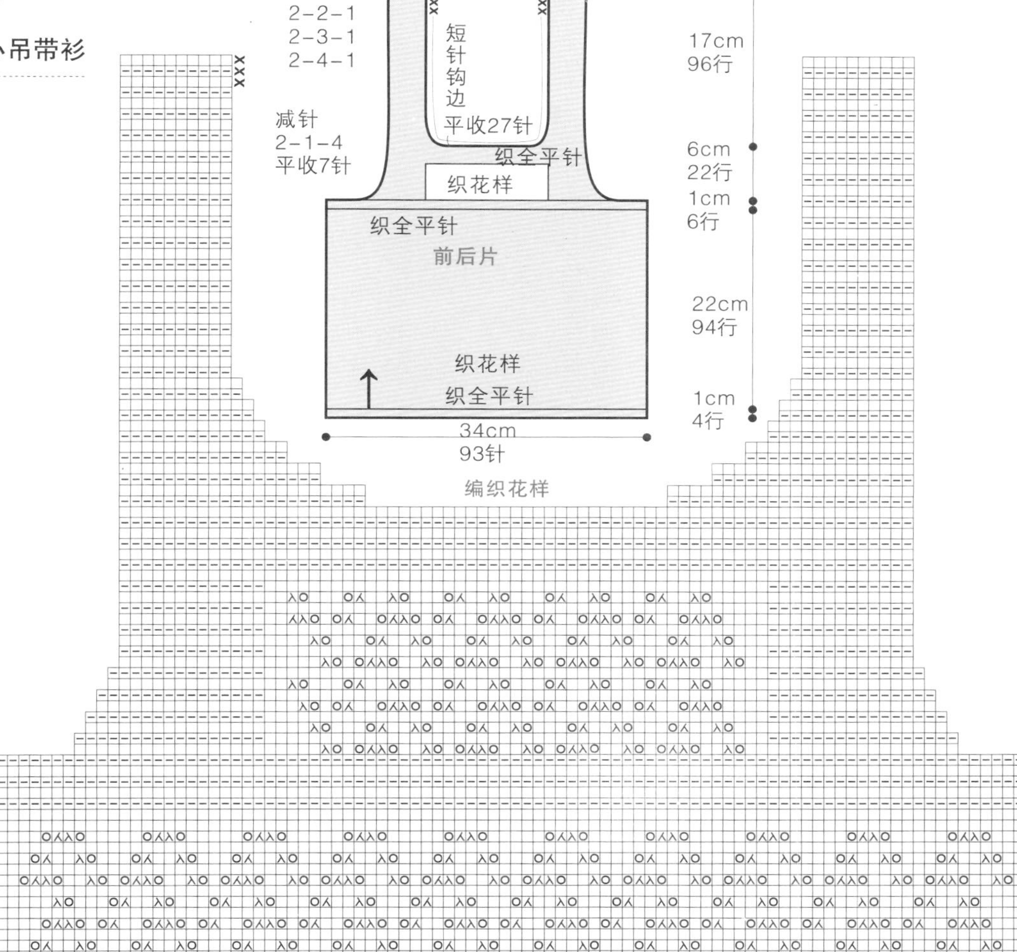

针法符号说明：

□=|

○ 镂空针

⅄ 左上二针并一针

【成品尺寸】

胸围：60cm　衣长：36cm

【制作方法】

【密度】25针×33行=10平方厘米

【工具】8号棒针，5号钩针

【材料】段染马海毛、羊毛线共150g

后片：用8号棒针起104针织花样72行，花样的最后一组只收针不加针，隔一行再收3针，最后还有62针；平织8行开挂肩；腋下平收5针，再依次减针，挂肩织14cm，后领窝深1.5cm，肩平收。

前片：用8号棒针起104针织花样，织法同后片；前片领窝深8cm；领窝平收中间的24针，两侧平织26行，平收。

领：沿领钩一行短针，袖口及下摆边缘钩花样，另钩一朵小花点缀在胸前，完成。

page 35

16 玫瑰背带衫

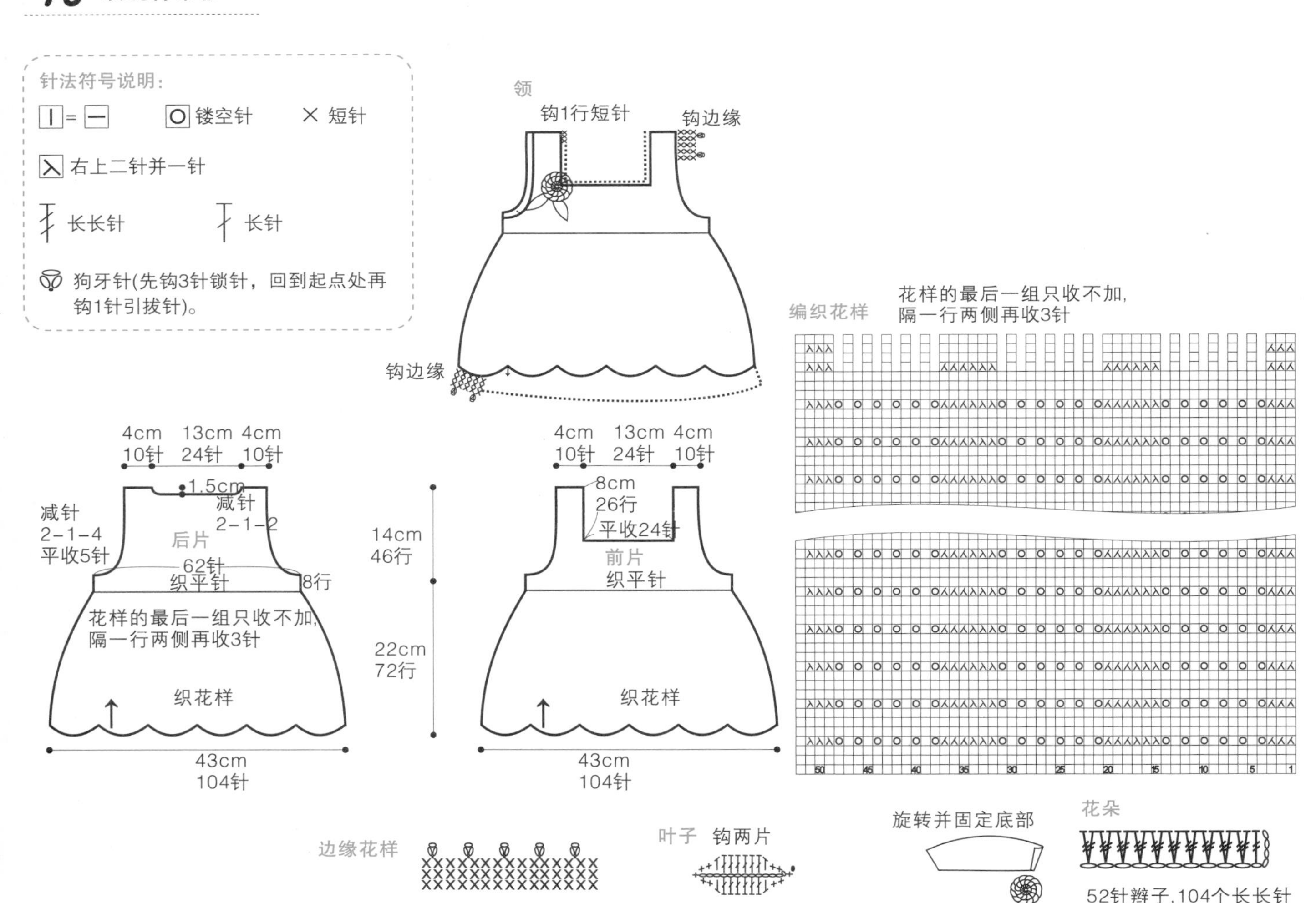

17 纯白小背心

page 37

【成品尺寸】

胸围：60cm

衣长：33cm

【密度】22针×32行=10平方厘米

【工具】8号棒针，8号钩针

【材料】九色鹿费拉拉系列200g，纽扣2粒

【制作方法】

后片：底边织32行花样A,，上面织平针，在织平针的第一行均匀织出洞洞，以留穿绳用。织20cm开挂肩，腋下平收4针，再依次减针，挂肩高为14cm，后领窝深1.5cm，肩平收。

前片：起41针织32行花样A，上面织花样B，同后片一样留下穿绳用的小孔。领窝深9cm，先平收6针，再依次减针，至完成。

收尾：沿边缘挑针织全平针6行，并用钩针钩出小绳穿进预留的小孔，完成。

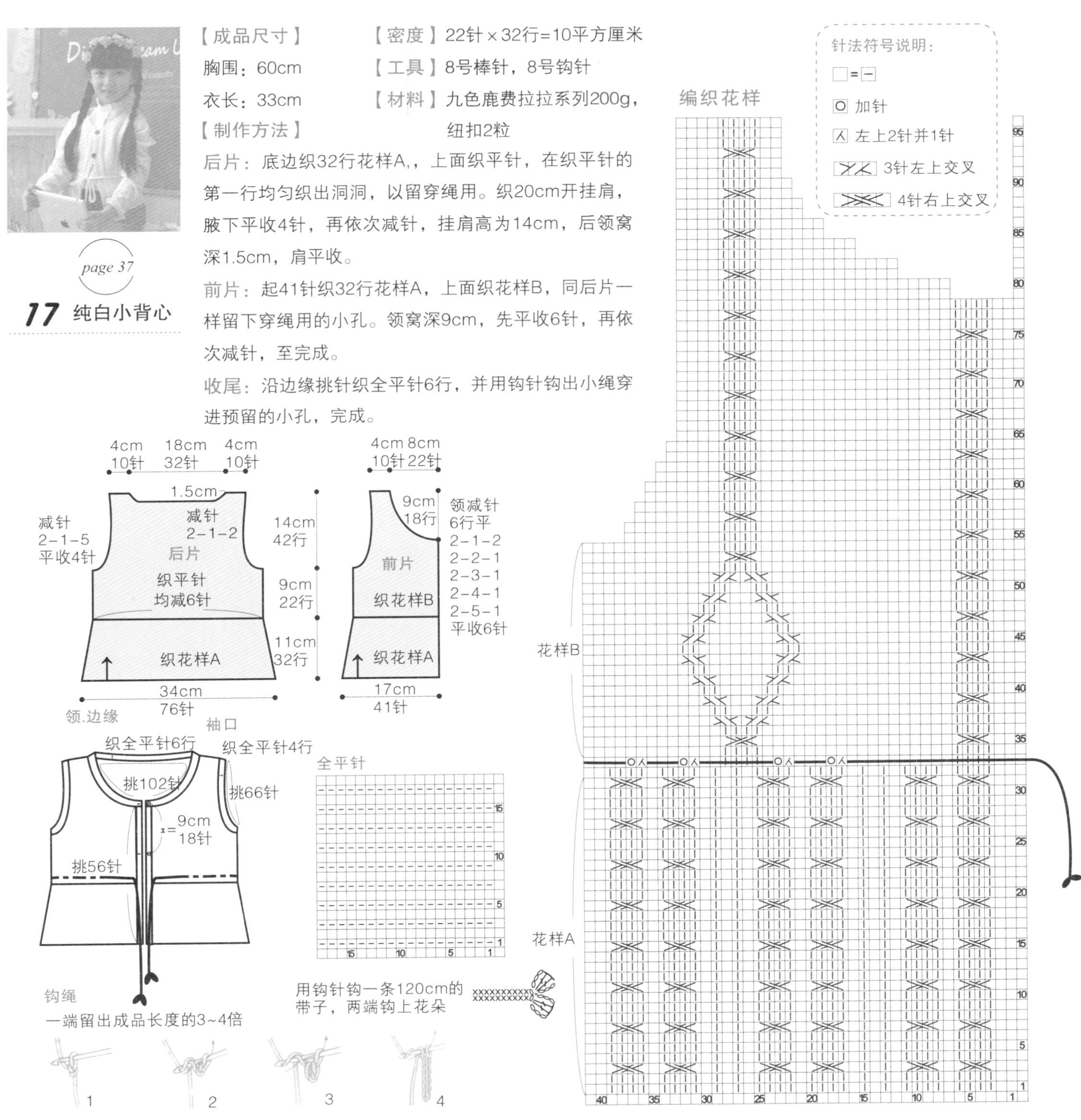

18 V字领背心毛衣

【成品尺寸】

胸围：56cm

衣长：27cm

【密度】33针×34行=10平方厘米

【工具】11号、12号棒针

【材料】30支橙色纯羊毛合4股100g，灰色少许

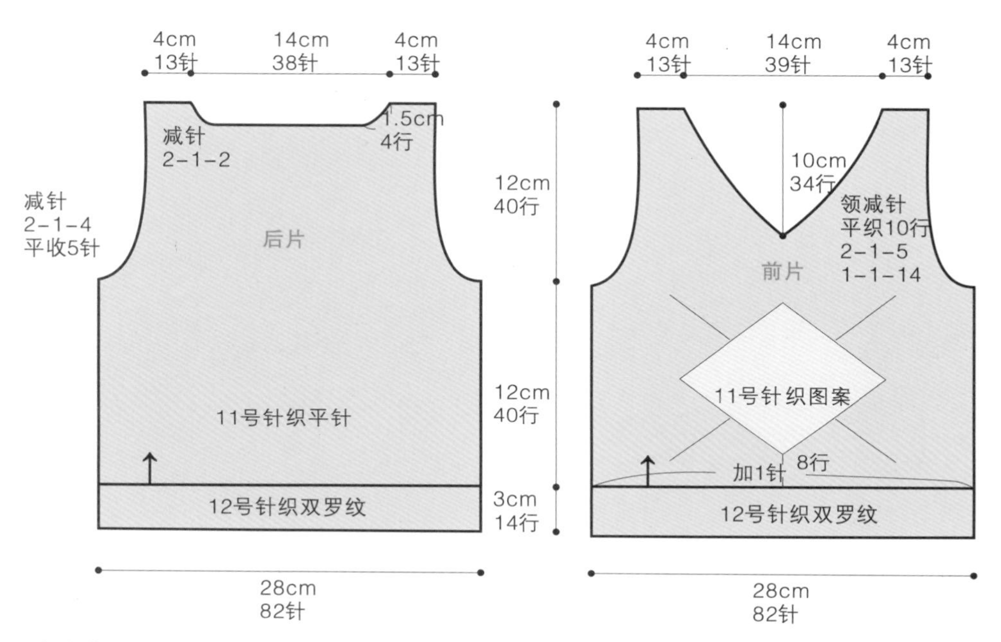

【制作方法】

后片：用12号棒针起82针织双罗纹14行，换11号棒针织平针，织12cm开挂肩，腋下平收5针，再依次减针，挂肩织12cm，后领窝深1.5cm，肩平收。

前片：用12号棒针起82针织双罗纹14行，换11号棒针织平针，第一行加1针，织8行后在中心织间色花样，前片领窝深10cm，按图示减针成V形，肩平收。

领、袖口：用12号针沿领窝挑116针织双罗纹8行，袖口挑108针织6行，平收，完成。

间色花样

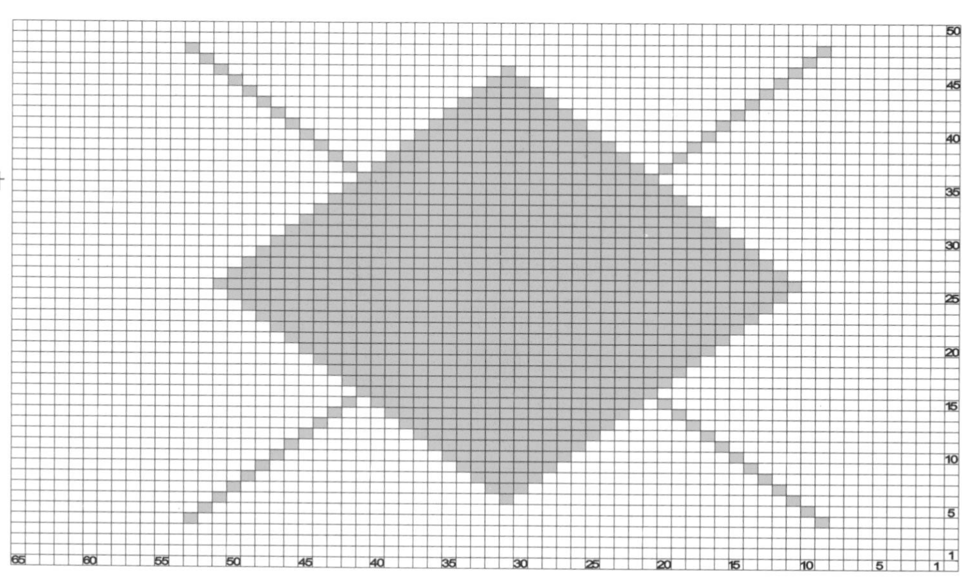

领

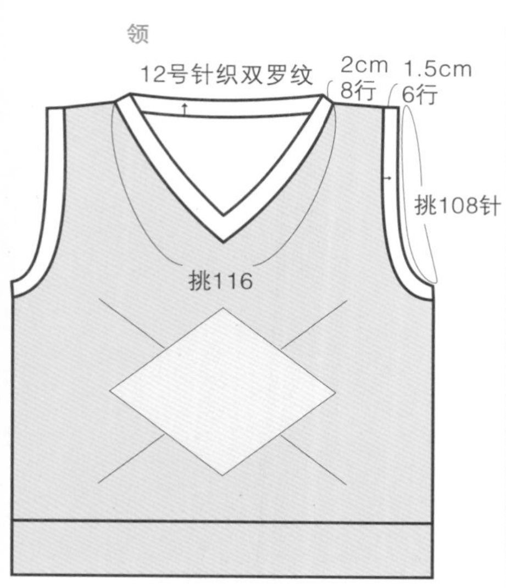

【成品尺寸】

胸围：56cm　衣长：33cm

【密度】前片花样：33针×33行=10平方厘米

平针：30针×33行=10平方厘米

【工具】10号、12号棒针

【材料】30支纯羊毛合4股+1股银丝150g

page 39

19 蓝色清新小背心

领、袖口：领用12号棒针挑116针织双罗纹8行平收；袖口用12号棒针挑124针织双罗纹6行，平收；完成。

【制作方法】

后片：用12号棒针起86针织双罗纹14行，换10号针织平针（下针），织15cm开挂肩，腋下平收4针，再依次减针，挂肩高15cm，后领窝深1.5cm，肩平收。

前片：用12号棒针起94针织双罗纹14行，换10号棒针织花样，织15cm开挂肩，前片领窝深6cm，中心平收14针，两侧按图示减针，肩平收。

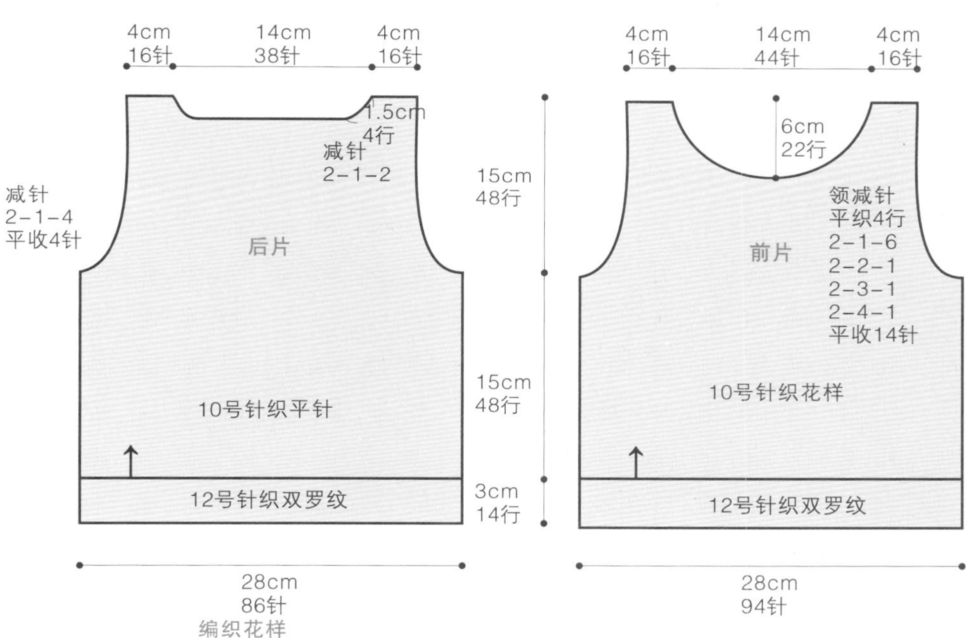

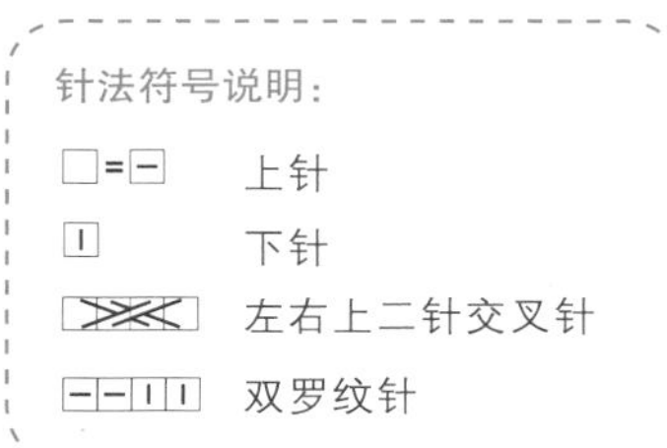

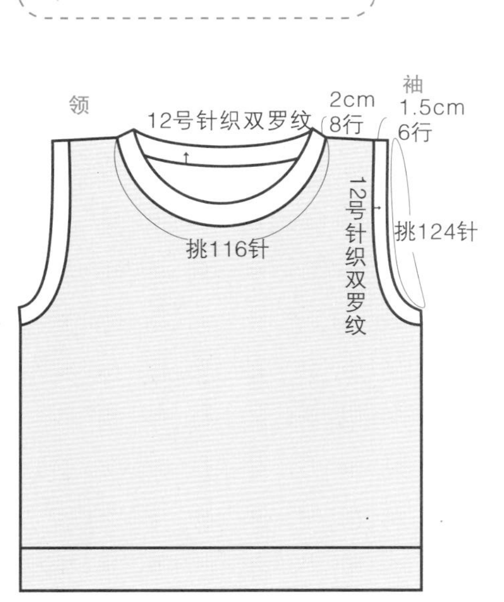

编织花样

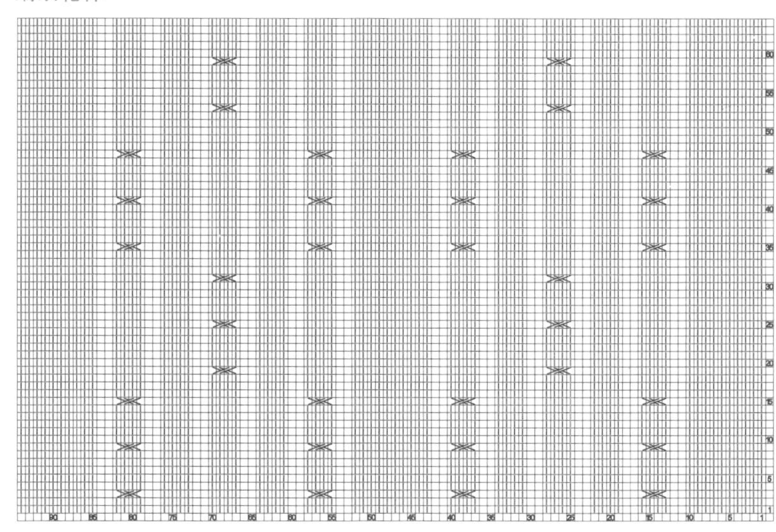

page 41

20 紫色圆领衫

【成品尺寸】

胸围：68cm　衣长：38cm　袖长：18cm

【密度】27针×34行=10平方厘米

【工具】9号棒针

【材料】九色鹿爱尔兰系列250g

【制作方法】

后片：用9号针起92针织6行平针（下针），再织8行单罗纹做下摆，上面织平针，织22cm开挂，腋下平收5针，留3针为径，依次减针，最后42针平收。

前片：用9号针起92针，织法同后片，织95行后开始在中心位置织花样，阵列为三角形状；领平收。

袖：用9号针起56针织6行平针、8行单罗纹做袖口边缘，上面织平针，织29行开始织花样，同前片；袖筒平织10行开始收袖山，腋下平收5针，再依次减针，最后26针平收。

领：沿领窝挑132针织8行单罗纹，再织6行平针，平收，完成。

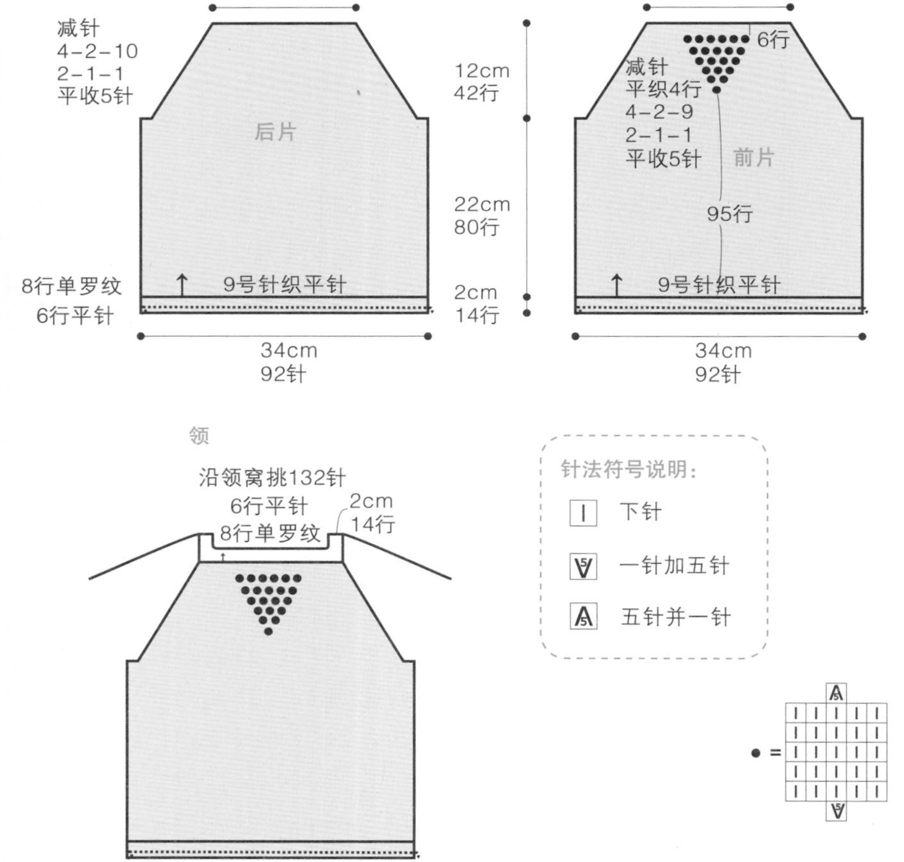

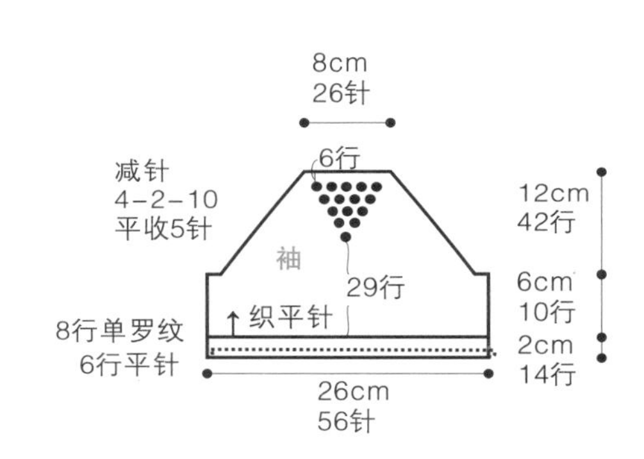

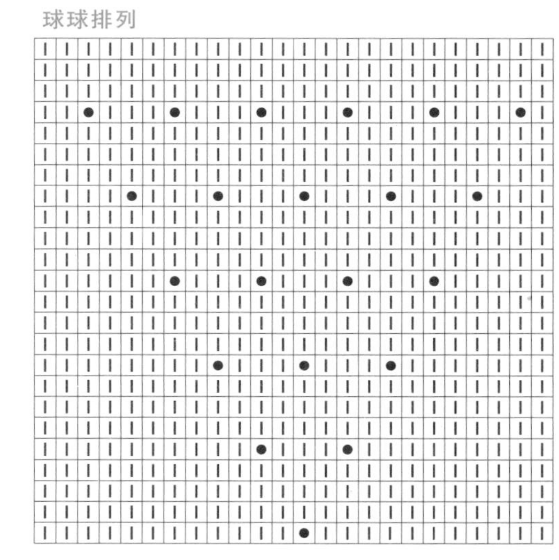

page 43

21 黑色背心裙

【成品尺寸】

胸围：60cm　衣长：42cm

【制作方法】

后片：起111针织花样A84行，上面接着花样B，在开始时均匀收掉44针，织14行开挂肩；腋下平收3针，再依次减针，织33行中心平收3针，分左右片织，平织20行收领窝，肩平收；同法织另一片；最后在领口处挑针织24针，织全平针8行。

前片：织法同后片；前片领窝深5cm，中心平收5针，再依次减针，至完成。

领：织两块，沿领窝的一侧挑32针织全平针32行，领角按图示减针，最后20针平收；沿边缘钩花样。

收尾：用丝带沿腰穿过，打好蝴蝶结，完成。

【密度】25针×34行=10平方厘米

【工具】7号钩针，9号棒针

【材料】羊毛线180g，缎带一根2m，纽扣2粒

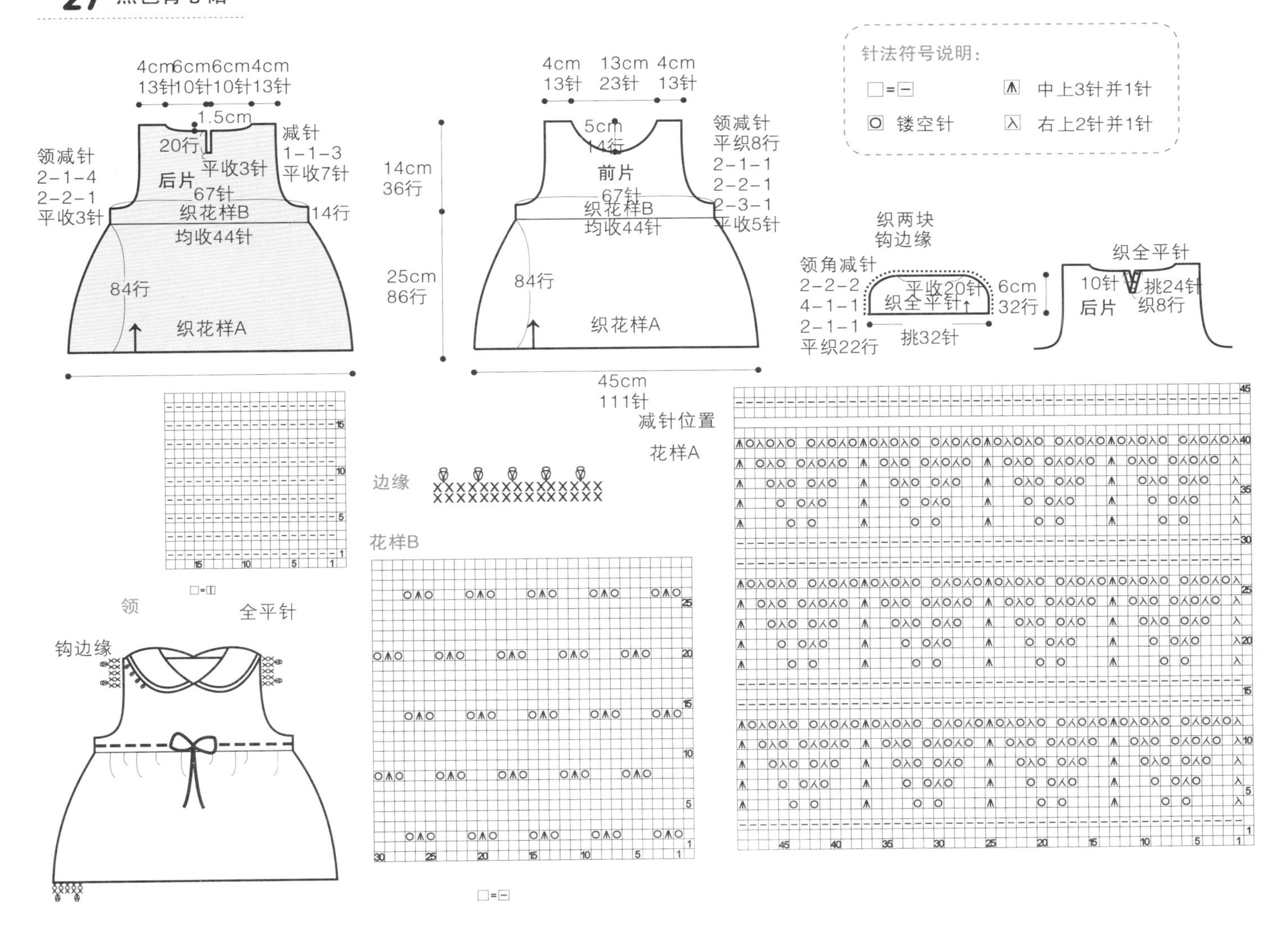

【成品尺寸】

胸围：66cm　衣长：39cm　肩宽：25cm　袖长：29cm

【工具】11号棒针　【密度】28针×40行＝10平方厘米　【材料】手编羊绒线姜黄色100g，米白色30g

【制作方法】

前片：衣服是从下摆起针往上织。起46针，按相关针法图往上织2cm一行上针、一行下针后换织花样A，再换织下针到22.5cm。在腋下平收5针，同时再按花样B每隔7针2针并为1针共减去6针，再不加不减往上织到28行时，开始收织前领。

22 长袖开衫

前领收针方法：平收14针，再按2-2-2、2-1-2、4-1-2的规律收针，肩上的13针留下待和后片合并时用。织好对应的另一个前片。

后片：和前片一样，仍是从下摆起针往上织。起94针。按相关针法图，往上织2cm一行上针一行下针后换织花样A，再换织下针到22.5cm。在腋下平收5针，同时再按花样B每隔7针2针并为1针共减去12针，再不加不减往上织到54行后开始收织后领。

后领的收针方法：平收36针，再按2-5-1的规律收针，织2行下针，剩余双肩上的13针和前片肩上的13针合并好。最后将前、后片的两侧腋下线合并好。

袖片：从袖口起针往上织。起69针。织2cm一行上针一行下针后换织下针，在袖下线两侧按图示规律加针到93针后，不加不减再往上织4cm。最后将前、后片的两侧腋下线合并好，安装好袖子。在门襟挑针，按相关图示横向编织门襟。注意在右侧门襟要平均预留7个扣眼。最后织好衣领，钉好扣子。

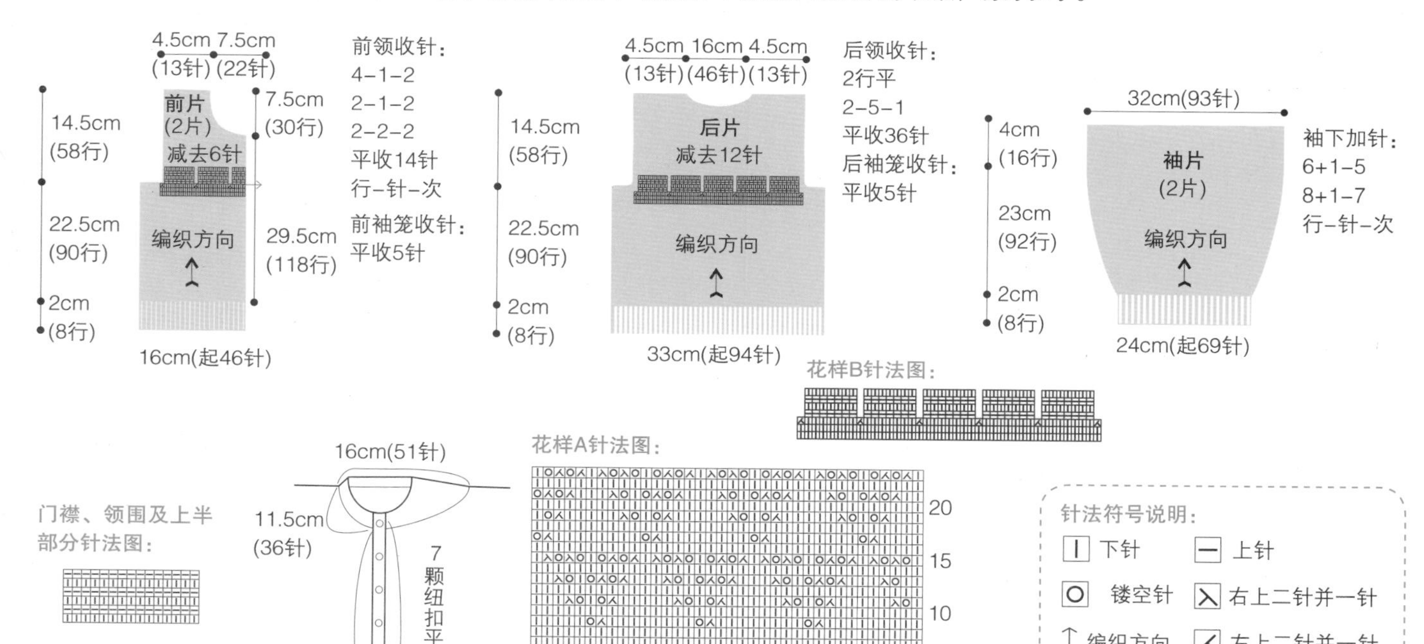

23 青果领毛衣

【成品尺寸】

胸围：56cm 衣长：43cm

袖长：9cm 肩宽：23cm

【密度】30针×38行=10平方厘米

双罗纹：36针×46行=10平方厘米

【工具】2.5mm、3.0mm棒针各一副

【材料】驼色毛线300g

【制作方法】

前片：用3.0mm棒针、驼色毛线起108针，从下往上织花样B1cm（4行）排花样，19针下针、70针为花样A、19针下针，往上编织28cm（106行），同时两边收针，每8行收1针12次、平织10行。剩84针开始收挂肩和收领子，中间空24针为领，挂肩和领子收针方法参照图解。

后片：用3.0cm棒针、驼色毛线起108针，从下往上编织下针，织86行后编织12行上针，再编织8行下针后开挂，同时两边收针与前片同，后领按后片图解编织。

袖片：用2.5mm棒针、驼色毛线起22针，织双罗纹9cm（42行），加针方法参照图解。

领子：用2.5mm棒针、驼色毛线起158针，织双罗纹9cm（42行），平收。

口袋：按图示部分往上挑针编织，两边各收3针，织8.5cm后平收缝合，左右两边各挑针织双罗纹1.5cm。

收尾：前后片、袖片、领子缝合，完成。

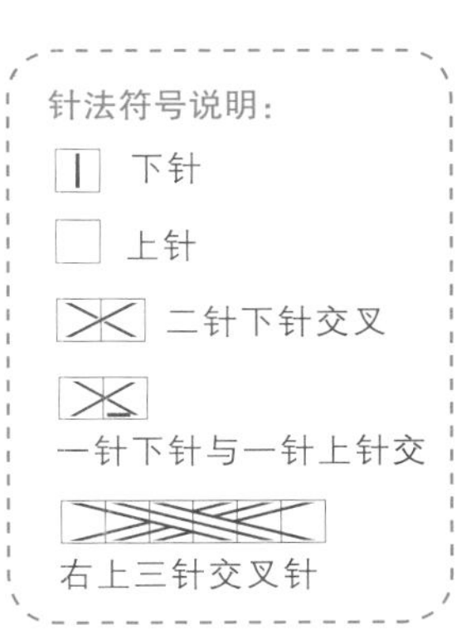

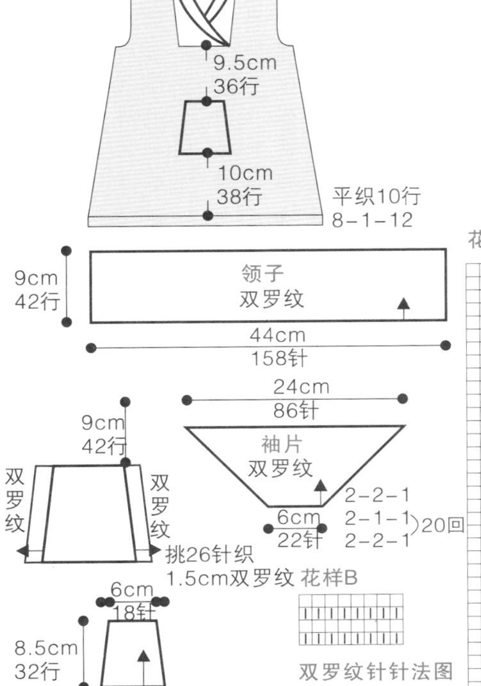

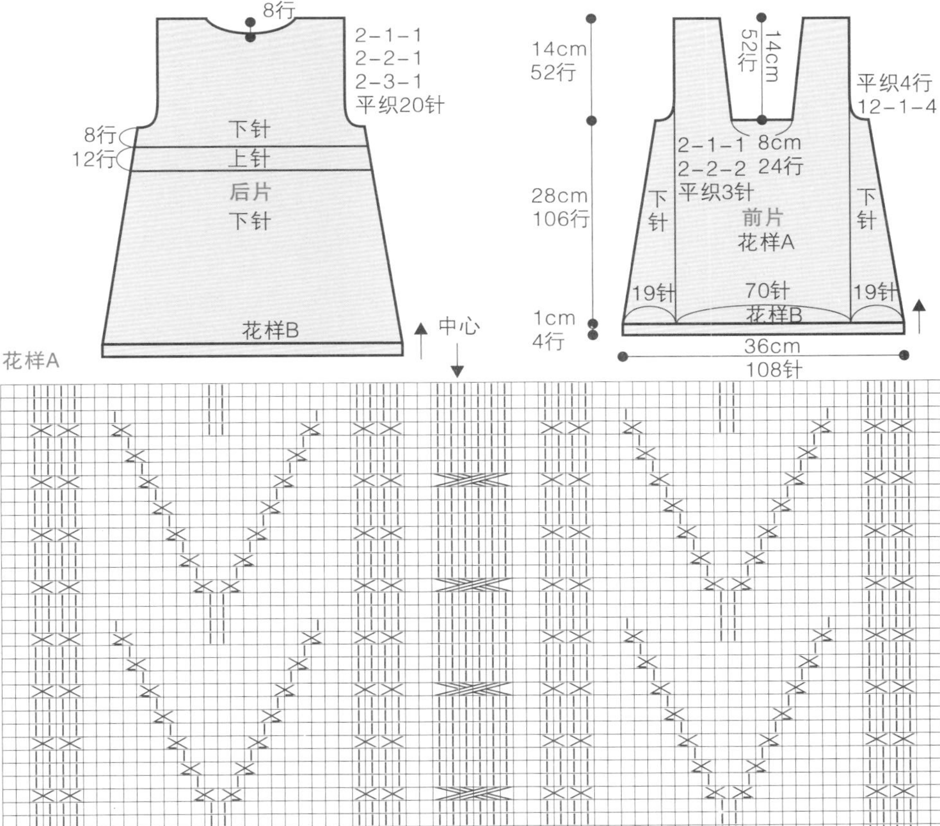

page 49

24 气质小开衫

【成品尺寸】

胸围：54cm　衣长：30cm　袖长：24cm　肩宽：23cm

【密度】28针×42行=10平方厘米

【工具】2.5mm棒针

【材料】粉色毛线300g

【制作方法】

前片（2片）：用2.5mm棒针、粉色毛线起38针，织花样A1cm（4行），织花样B16cm（66行）后开挂肩，袖笼减针参照图解。织到9cm时开领子，领子详细减针参照图解。织两片。

后片：用2.5mm棒针、粉色毛线起76针，织花样A1cm（4行），织花样B16cm（66行）后开挂肩，袖笼减针参照图解。织到11cm时开领子，领子详细减针参照图解。两边对称减针后平收肩部。

收尾：前后片缝合，用2.5mm棒针、粉色毛线在门襟挑84针织花样A1cm。

领部：挑106针织花样A1.25cm。

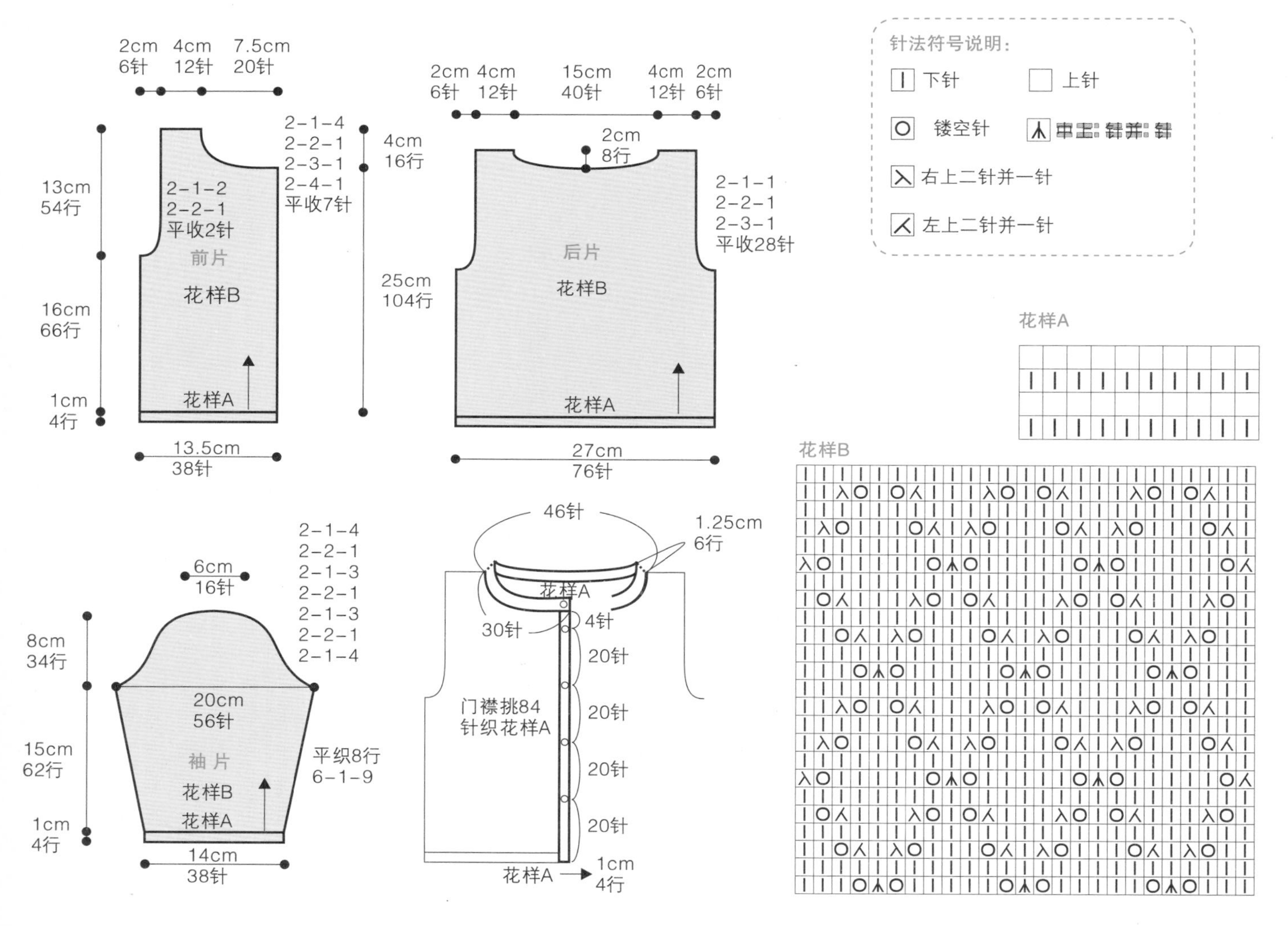

page 51

25 橙色小坎肩

【成品尺寸】

胸围：62cm

衣长：34cm

【密度】平针：26针×40行=10平方厘米

搓板针：26针×48行=10平方厘米

【工具】2.5mm棒针

【材料】红色细绒线400g，黑色纽扣3粒

【制作方法】

衣服由前右片、前左片、后片共3片构成。

前右片：用2.5mm棒针起47针，从下往上织搓板针1.5cm，7针门襟处仍织搓板针，40针织下针，编织18.5cm后左边加出6针，共53针编织搓板针，织10cm后按图解开前领。前左片织法同。门襟处上半部分开3个扣眼。

后片：用2.5mm棒针起80针，织1.5cm搓板针，开始织下针18.5cm，两边各加6针，织10cm搓板针，按后领图解收后领。

收尾：前后片缝合，按图解钉上纽扣。

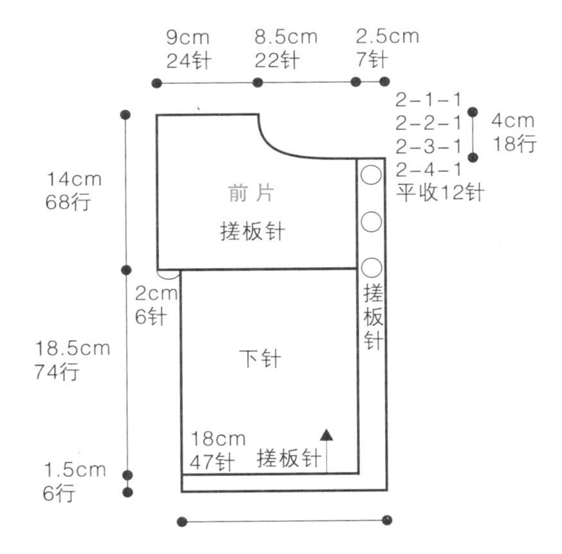

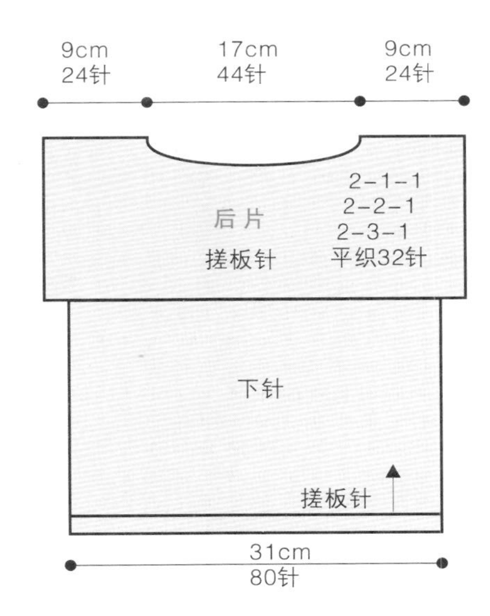

搓板针针法图：

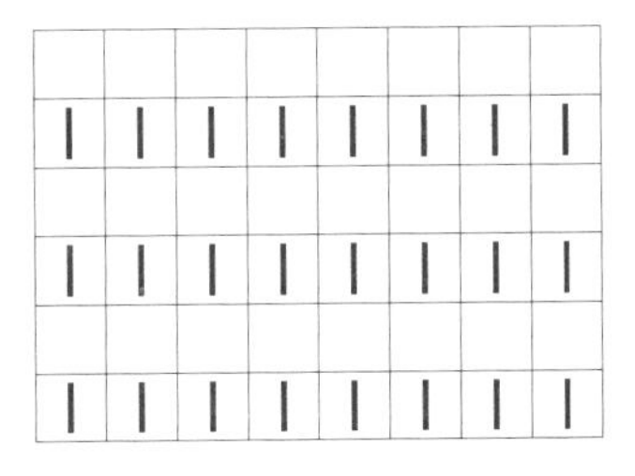

领口边缘

XXXXXXX

针法符号说明：

| 下针

□ 上针

× 短针

page 53

26 清爽无袖衫

【成品尺寸】

胸围：60cm

衣长：31cm

【密度】27针×13行=10平方厘米

【工具】2.5mm钩针

【材料】花色棉线200g

【制作方法】

前片：按箭头方向用2.5mm钩针起80个锁针，从下往上钩花样A21cm，共26行，按图解收针，每行收1针，共收14次。

后片：编织方法与前片完全相同。将前后片缝合。

领：在前后领部挑100针短针，按图解花样B钩领子，5针短针1个花样，前后共20个花样，钩10cm，共8行，领子完成。

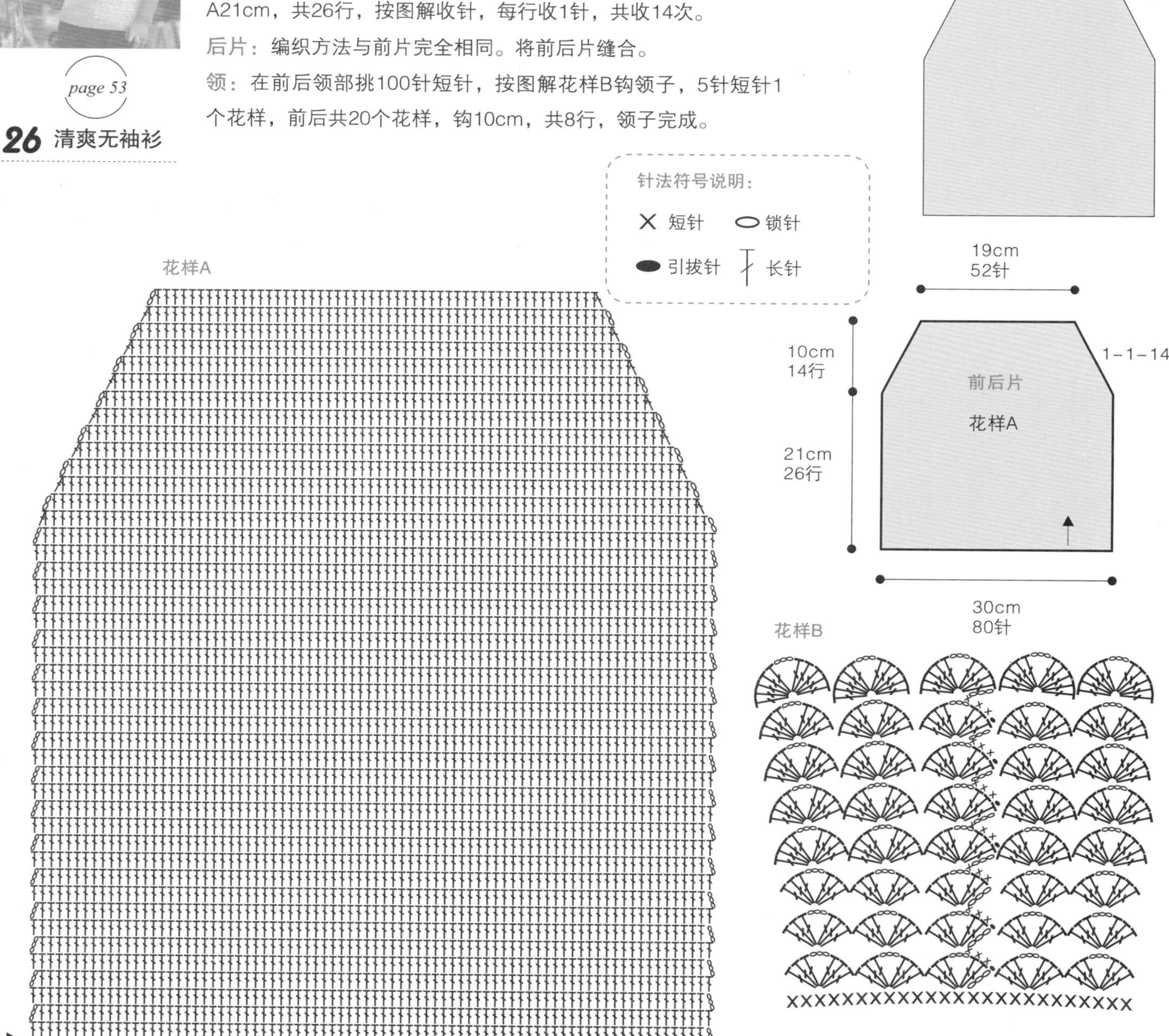

page 55

27 半袖拼花衣

【成品尺寸】

胸围：48cm

衣长：30cm

【工具】2.5mm可乐钩针

【材料】花点棉线250g

【制作方法】

衣身：用2.5mm钩针、花点线钩单元花样，直径为6cm。整件衣服共钩48个单元花，按拼花图解和结构图，在钩编单元花的过程中拼接。

前片、后片：前后片是连起来钩编的，按照图上所标数字，钩一个连一个。

收尾：分别按照领口图解、袖口图解、衣边图解钩花边。结构图中红线部分为分开的领口，钩上领口花边。

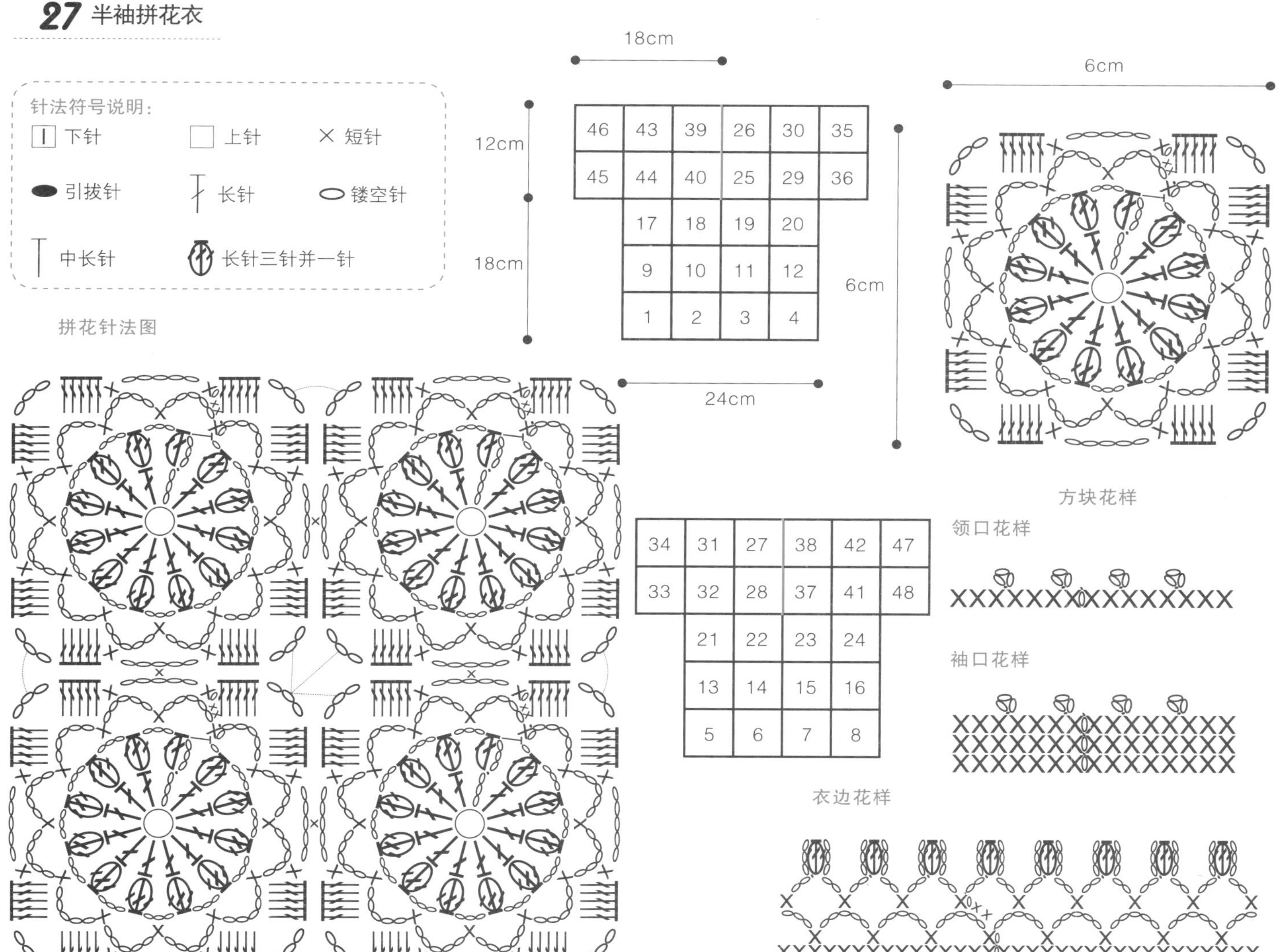

page 57

28 粉红小罩衫

【成品尺寸】

胸围：60cm　衣长：29cm　长：20cm

【工具】3/0号钩针　【密度】6个花×7个花=10平方厘米　【材料】晴纶开司米（2股）50g

【制作方法】

前片、后片：毛衣是从下摆起针往上钩织。起168针（42个花样×4针=168针），往上钩织15cm，开始按相关针法图示分织挂肩。然后将相邻前、后肩合并好。

袖子：从袖山起针往下钩织。起24针（6个花样×4针=24针），往下钩织6cm，在袖山两侧仍按相关针法图示加针。到袖下线处的两侧逐渐减针，最后将袖下线合并好。钩织好另一个同样的袖片。

门襟：在门襟及领围处按花边针法图钩花边。用灰色线钩两根20cm长的系带，固定在门襟的领侧位置上。

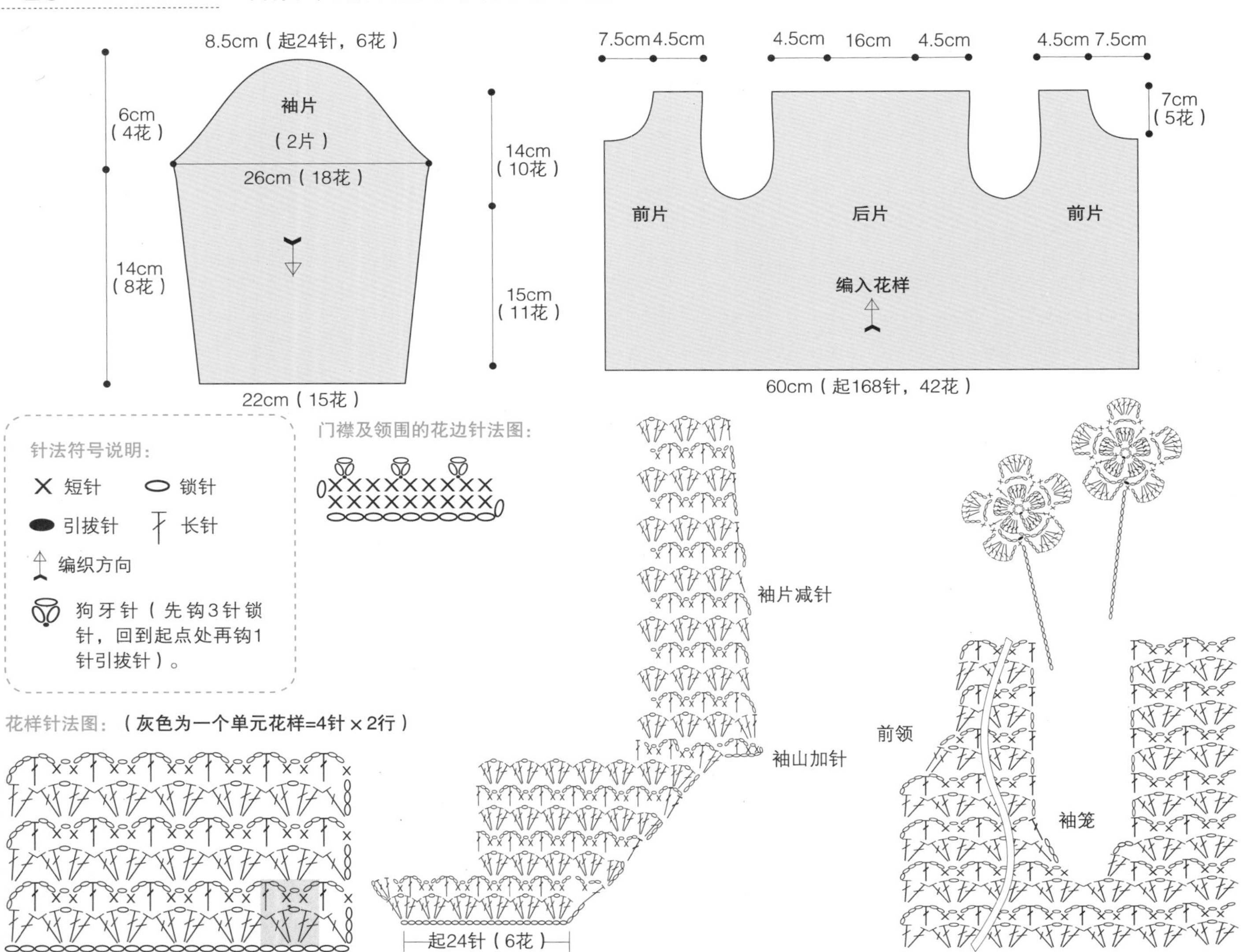

page 59

29 活力橙色
带帽衫

【成品尺寸】

胸围：66cm　衣长：37cm

肩宽：25cm　袖长：29cm

适合1~2岁的男、女童穿着。

【工具】2/0号钩针

【密度】27针×12行＝10平方厘米

【材料】姜黄色合股羊绒线260g

【制作方法】

前片：衣服是从下摆起针往上钩织。起44针。按花样A，先往上钩织4行短针后继续花样编织，钩织到22.5cm。在腋下平收11针，再不加不减往上钩织到14.5cm时，肩上的12针和后肩合并。将门襟侧的21针和后领的45针一起往上钩织风帽。

后片：和前片一样仍是从下摆起针往上织。起91针，钩织花样A，直到22.5cm。在腋下平收11针，再不加不减往上钩织到14.5cm时，肩上的12针和前肩合并。后领的45针和前领处的21针合在一起往上钩织风帽。将风帽顶端合并。在帽角上安装一个绒线球。

袖片：从袖山起针往下织。起89针。钩织花样A不加不减到4cm，在袖下线两侧按图示规律的减针到69针后，再往下钩织3cm短针。最后将前、后片的两侧腋下线合并好，安装好袖子。

缘编：起42针织帽片2片，从中间缝合。在门襟及风帽檐钩织3行短针。最后在门襟安装两个绒线球。

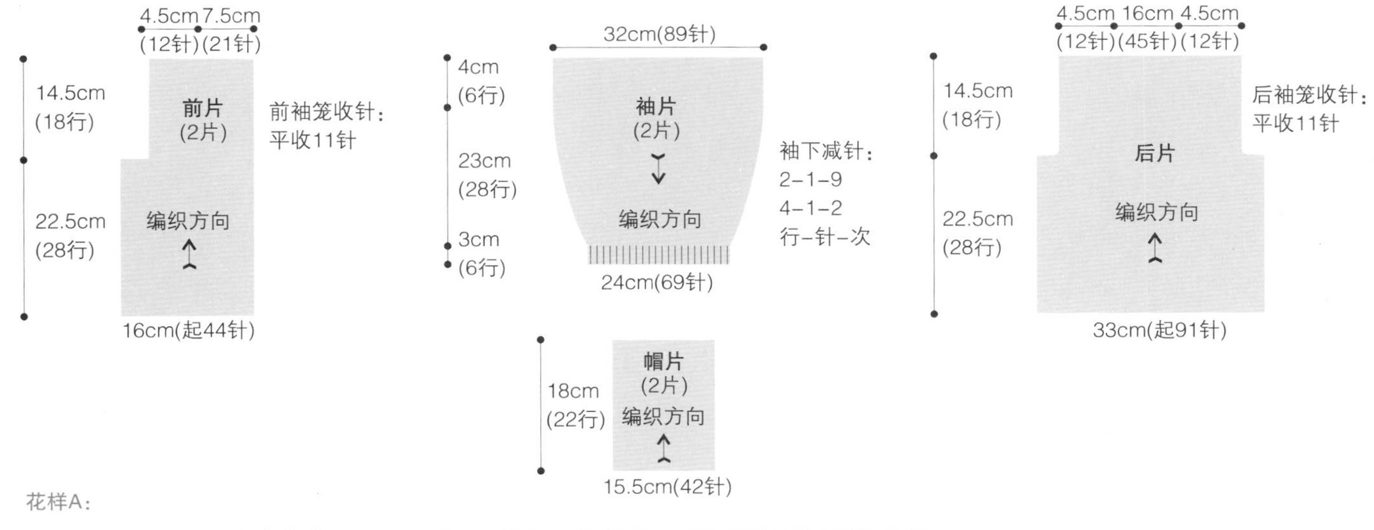

花样A：

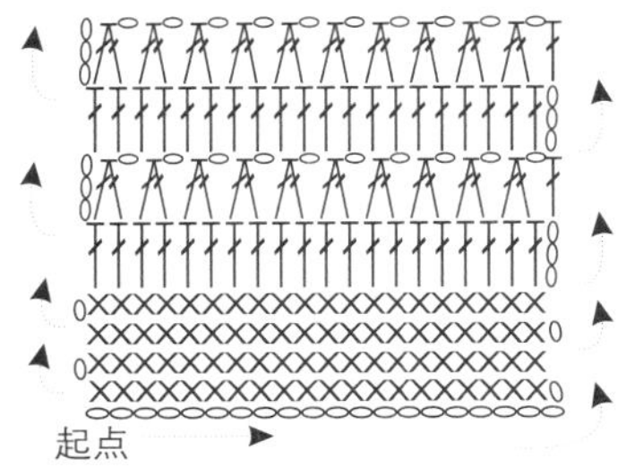

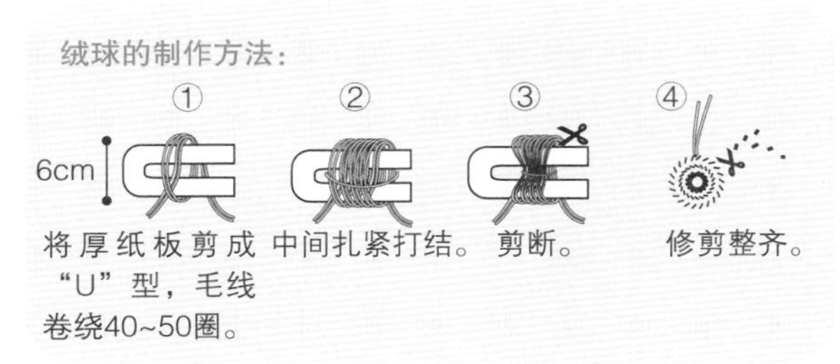

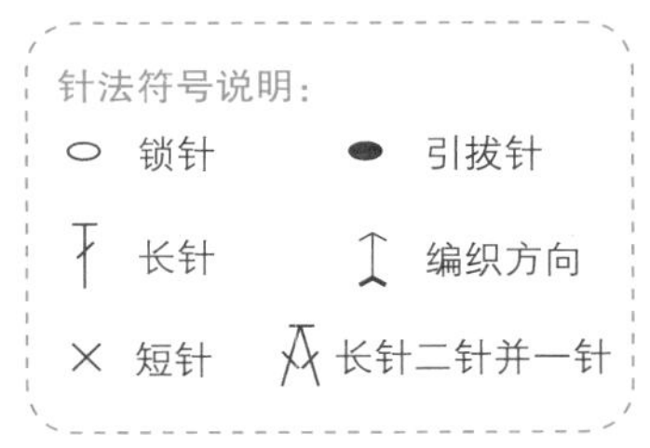

page 61

30 休闲外套

【成品尺寸】

胸围：60cm　衣长：34cm　袖长：26cm

【密度】16针×20行=10平方厘米

【工具】8号钩针

【材料】九色鹿费拉拉羊驼毛400g，椰子扣4粒，蕾丝花若干

【制作方法】

后片：用8号钩针起49针，钩短针21cm开挂肩，腋下平收2针，再依次减4针，挂肩高为12cm，后领窝深1cm，肩钩斜肩。

前片：用8号钩针起31针钩短针，钩法同后片，在需要的一侧预留4个扣洞；前片领窝深7cm，钩至26cm，开始按图示减针，肩钩斜肩。

袖：用8号钩针起45针，上面平钩短针40行，开始钩袖山，按图示减针，最后11针平收。

领：沿领窝钩50针，钩8行短针，分别在两领角加针，钩好后另用蕾丝小花装饰领角。

收尾：前后片缝合，袖片缝合，在相应位置缝合纽扣，完成。

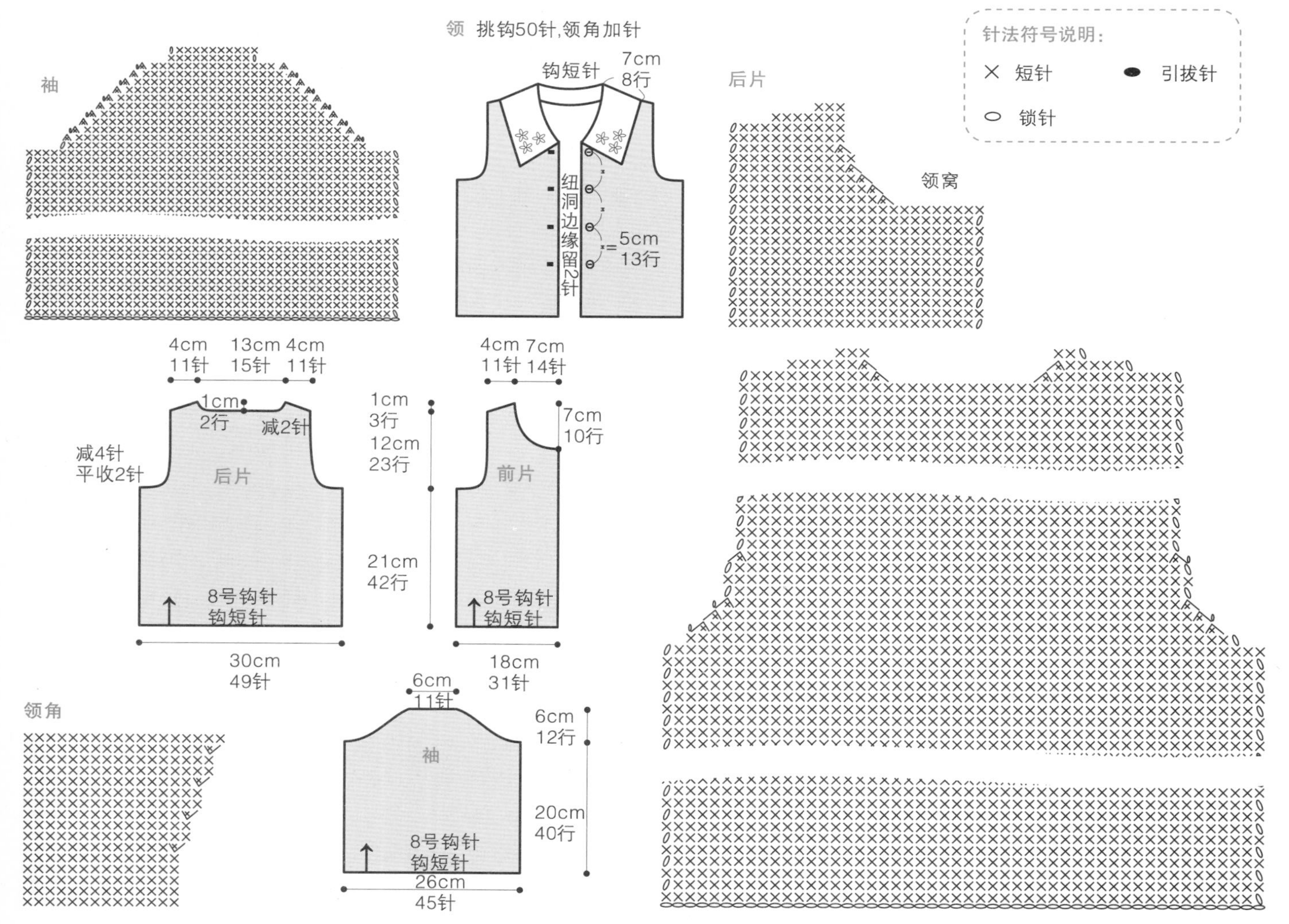

page 63

31 一字领套衫

【成品尺寸】

胸围：56cm

衣长：27cm

【密度】27针×42行=10平方厘米

【工具】9号棒针，4号、5号钩针

【材料】九色鹿童年棉线200g

【制作方法】

后片：起80针织全平针80行，左右各平加30针织袖，织30行平收；领窝46针，织第26行时平收中间的42针，两侧依次减针。

前片：起80针织全平针，织法同后片；前片袖织16行开始收领窝，中心平收16针，再依次减针，至完成。

领：先用5号钩针沿领口钩出108针短针，钩6行，再换4号针钩3行。

缘编：袖口边缘钩10针，翻转过来从正面缝合，完成。

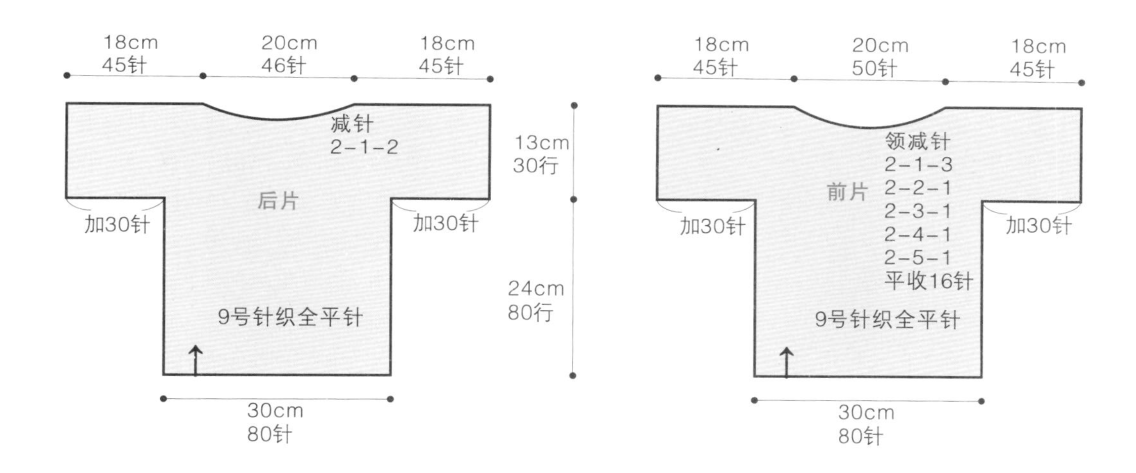

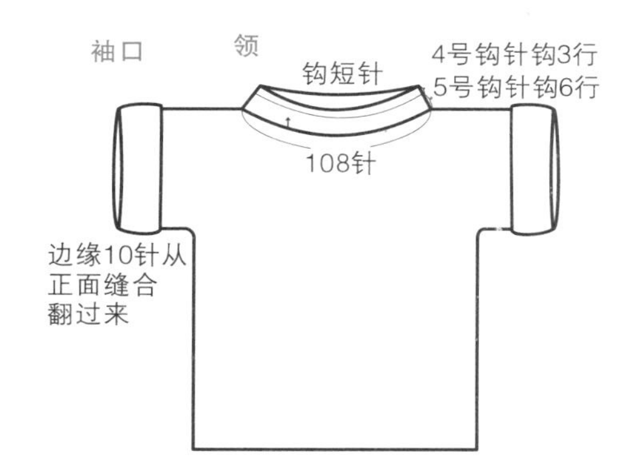

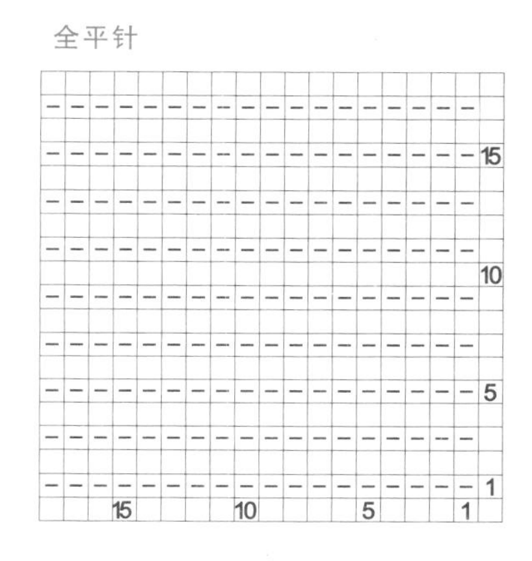

page 65

32 清凉夏装

【成品尺寸】

胸围：64cm　衣长：35cm　肩宽：35cm

【制作方法】

前片：用2.5mm棒针、编格尔棉线起90针，织双罗纹5cm（24行），平收成锁针。用3.0mm钩针在罗纹边上钩花样A，钩30cm（40行），其中上15cm为袖笼处。

后片：织法与前片完全相同。

缝合：前后片缝合，侧边缝合；衣片上留15cm为袖笼，上边缝合；左右肩为8cm，缝合；中间16cm为领口，不缝合。

缘编：袖口用2.5mm棒针、编格尔棉线挑80针织双罗纹2cm。

【密度】罗纹针：28针×48行=10平方厘米

花样：28针×13行=10平方厘米

【工具】2.5mm棒针，3.0mm钩针

【材料】编格尔棉线300g（花色系列）

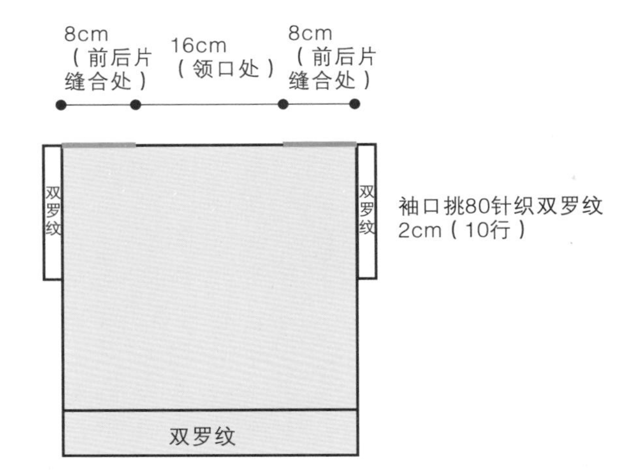

针法符号说明：

- 下针
- 上针
- 锁针
- 短针
- 长针

花样A

双罗纹针针法图：

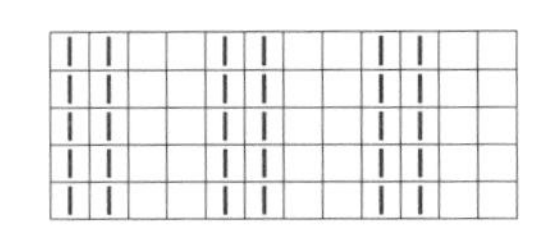

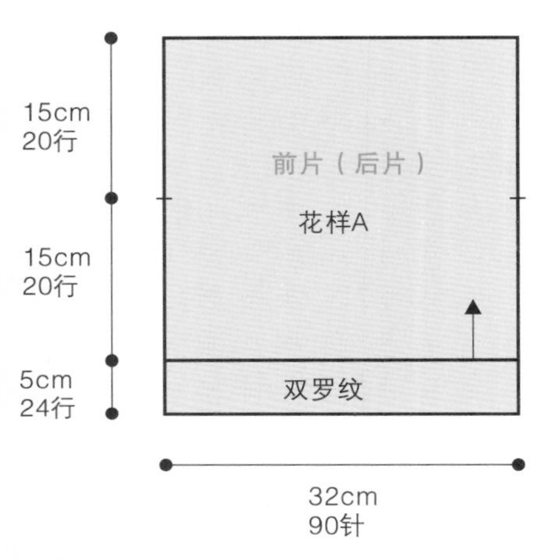

page 67

33 黑色亮片带帽马甲

【成品尺寸】

胸围：72cm

衣长：36cm

肩宽：30cm

【密度】16针×28行=10平方厘米

【工具】6.0mm棒针，4.5mm钩针

【材料】黑色亮片线300g

【制作方法】

前片（2片）：用6.0mm棒针、黑色亮片线起28针，织下针21cm（58行）后开挂肩，挂肩收针参照图解。织10cm后收领子，领子详细收针方法参照图解。织2片。

后片：用6.0mm棒针、黑色亮片线起56针，织下针21cm（58行）后开挂肩，挂肩收针方法与前片同。织13cm后收领子，领子详细收针方法参照图解。

帽子：前后片缝合，领部挑64针织帽子，织到20cm后平收针。按图解，带星星的两边缝合。

收尾：门襟边、帽边、袖口边都钩一行逆短针。

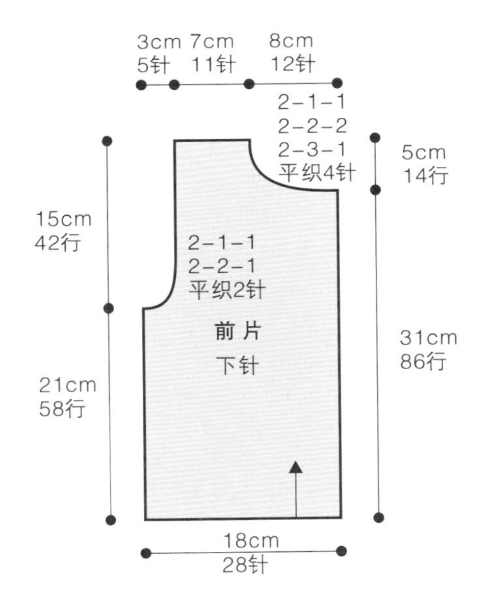

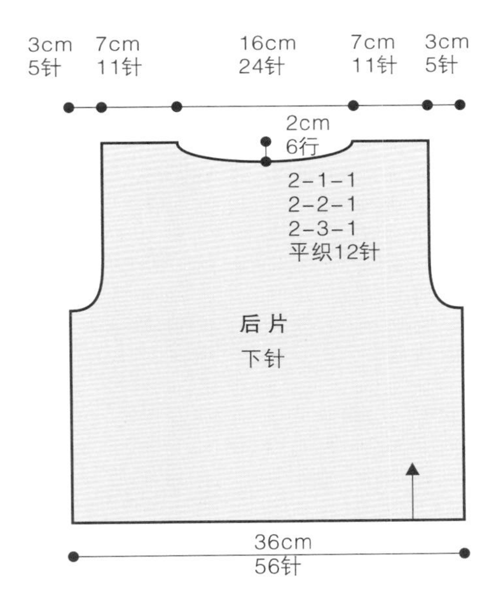

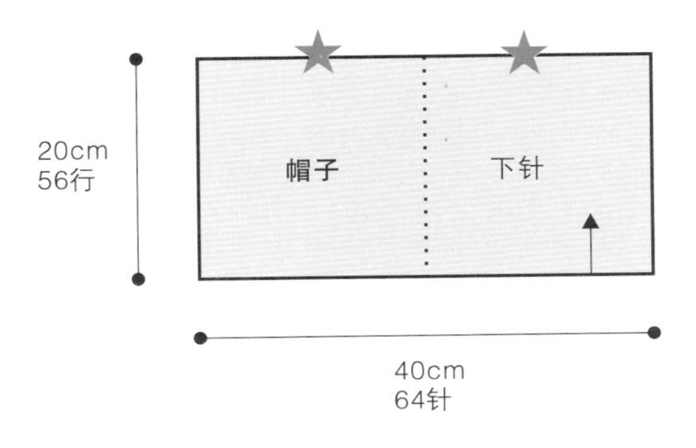

花边针法图

page 69

34 红色宝宝裙

【成品尺寸】

胸围：64cm　衣长：45cm　袖长：9cm

【密度】25针×38行=10平方厘米

【工具】3.0mm棒针，2.5mm钩针

【材料】红色毛线400g

【制作方法】

前片：用3.0mm棒针、红色毛线起80针织花样B8cm（30行），织一行上针，织花样C8cm（30行），织一行上针，织花样D8cm（30行）后开斜肩，每2行收1针收11次、每4行收1针收4次，平织4行，斜肩高11cm，按图解编织花样F，钩4片连接好用短针与衣片连接。

后片：织法与前片基本相同，织11cm斜肩后继续往上织花样D5cm（18行）。

袖片：用3.0mm棒针、红色毛线起18针，织花样B9cm（34行），两边放针，2行放2针1次、2行放1针16次，平收。

收尾：前后片、袖片缝合，用2.5mm钩针分别在第一行上针处和第二行上针处钩上花边，在花样F和前片衣片连接处钩上花边。用2.5mm钩针在衣边挑钩花样A，钩5cm。

针法符号说明：

- 下针
- 上针
- 镂空针
- 短针
- 长针
- 锁针
- 引拔针
- 左上二针并一针

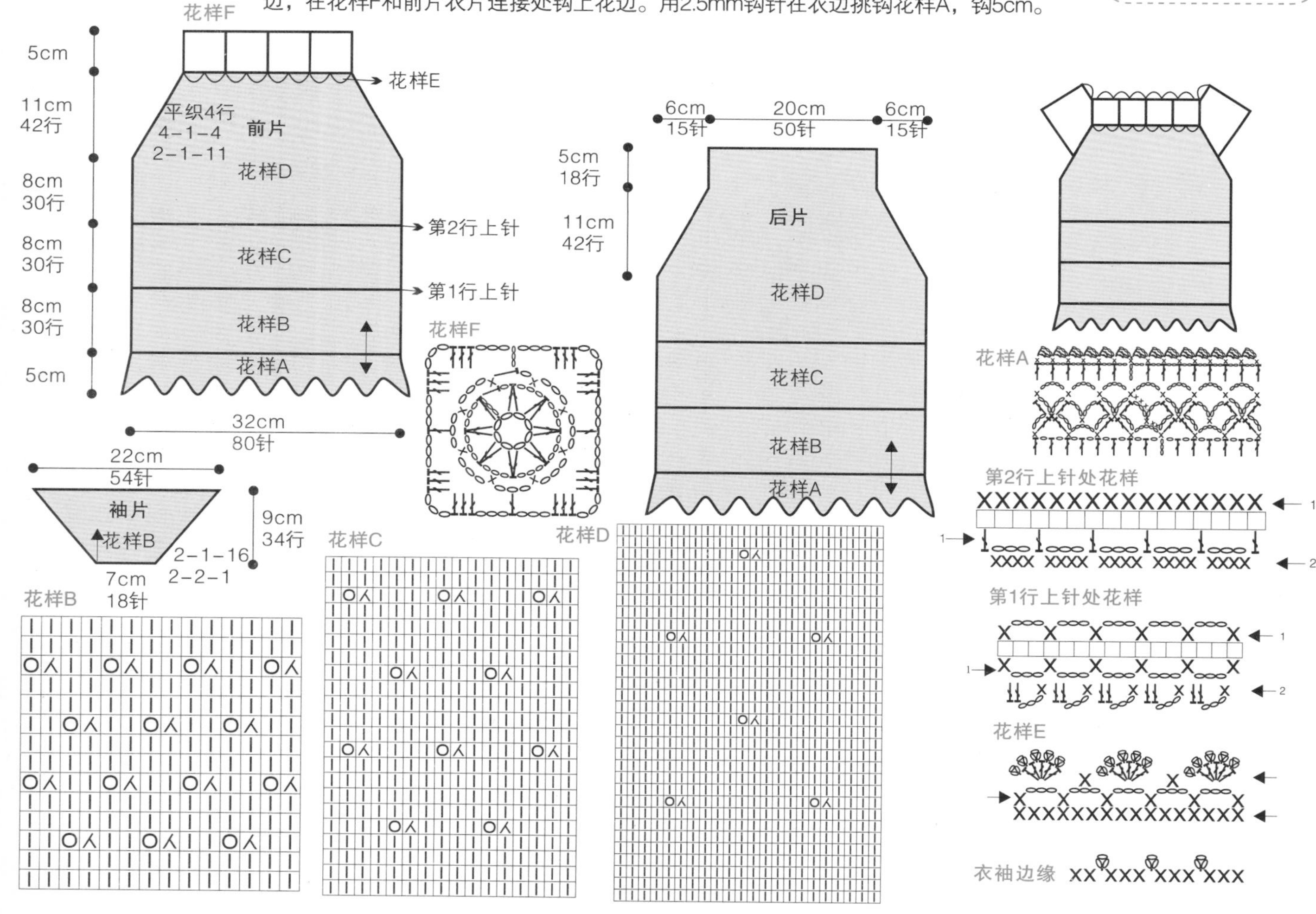

page 71

35 绝美大翻领七分袖毛衣

【成品尺寸】

胸围：60cm　衣长：38cm

肩袖长：32cm

【密度】31针×37行=10平方厘米

【工具】11号、12号棒针，4号钩针

【材料】淡蓝色羊毛、金丝线400g，白色、金丝线各少许，纽扣4粒

【制作方法】

本款为插肩袖，钩织结合完成。

后片：用11号棒针起94针，织10行平针、1行上针，再织10行平针，对折合并成双层做下摆，上面织平针，织21cm后开挂肩，织双罗纹花样，腋下先平收5针，边缘以3针为径，每2行减1针减23次，剩下28针平收。

前片：用11号棒针起48针，织法同后片，开挂织34行后开始收领窝，法克兰径减针20次，平织6行，最后2针平收。

袖：用11号针起70针，织平针18cm后开始织袖山，上面织双罗纹花样，先平收5针，上面收针同后片，最后14针平收。

门襟：单独织。用12号棒针起27针，织单罗纹32cm，织2条，根据需要在一侧开扣洞4个，与身片缝合。在相应位置缝合纽扣。

领：沿领口挑107针，门襟部位挑少许，织单罗纹42行，领角部位减针成圆角，织好后平收；另用夹金丝线沿边钩花样14组，完成。

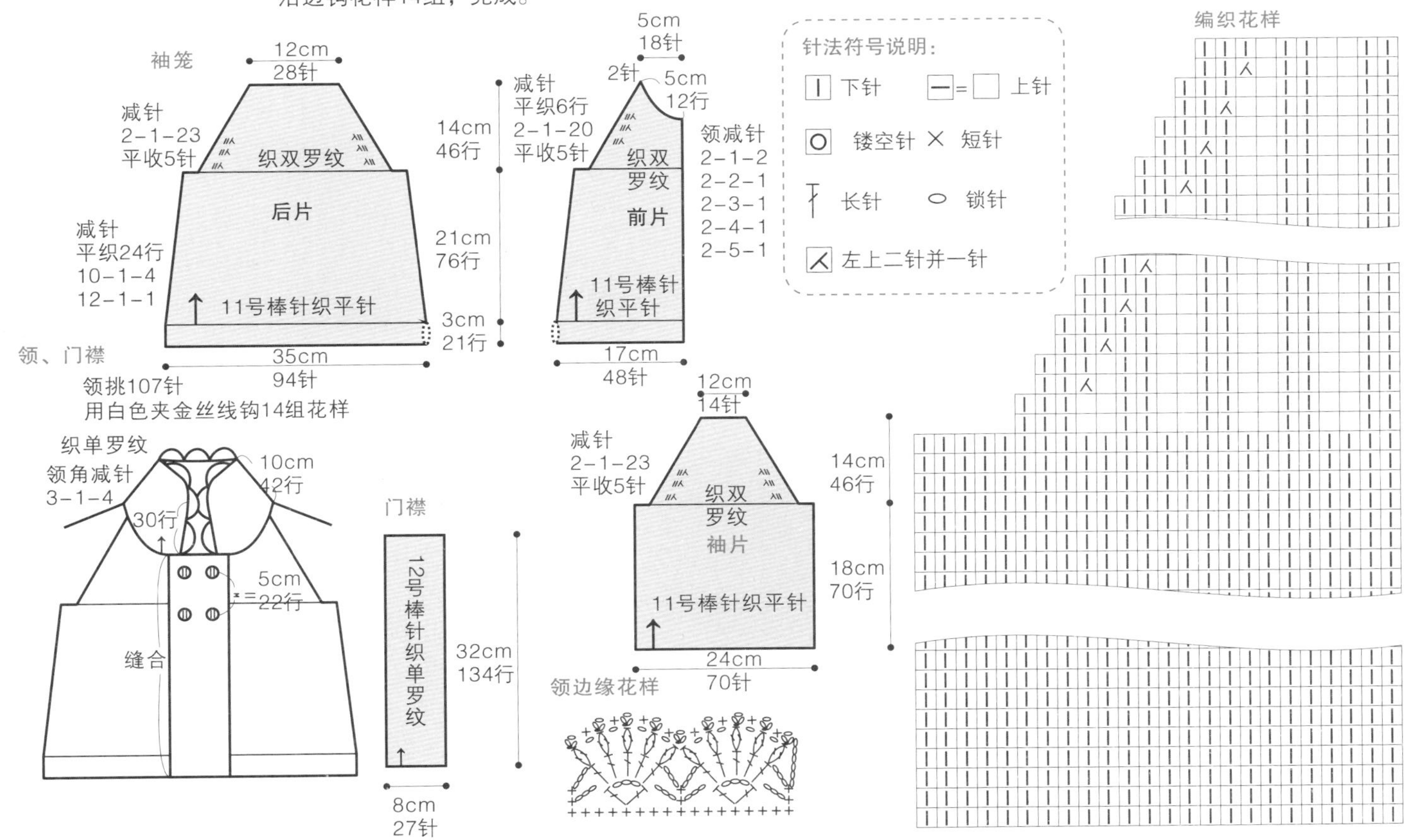

page 73

36 花式短袖背带裙

【成品尺寸】

胸围：60cm　裙长：54cm

【制作方法】

本款前后片织法相同，利用线的特性和针法的简单变化显示出与众不同的效果，穿着时不分前后。

前后片：起142针织全平针66行，再织平针66行；平针结束后上面全部织上针，第1行此时均收60针，并留出穿绳的小洞，织18后开挂肩，腋下平收5针，再依次减针，领窝前后都留7cm，按图示减针，肩平收。

收尾：缝合两片，沿着领和袖口边缘钩花样，另织绳120cm，沿洞洞穿过，完成。

【密度】31针×37行=10平方厘米

【工具】10号棒针，7号钩针

【材料】花式羊毛线260g

针法符号说明：

- 上针
- 丨=□ 下针
- × 短针
- V 浮针
- O 镂空针
- 左上二针并一针
- 长针

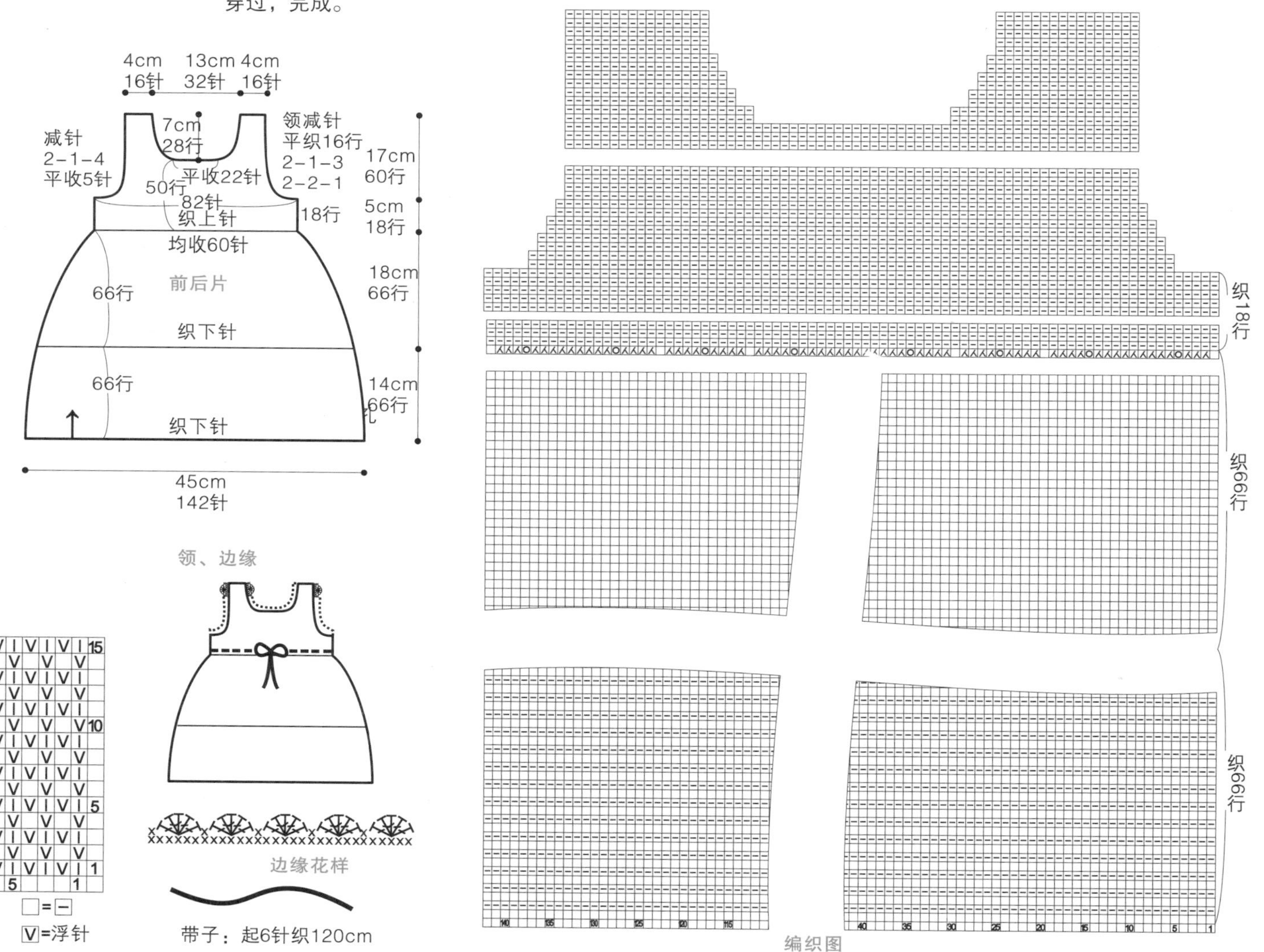

page 75

37 带帽斗篷

【成品尺寸】

衣　长：34cm

下摆宽：96cm

【密度】17针×24行=10平方厘米

【工具】7mm棒针，6.5mm钩针

【材料】特色线500g，灰色线少许

【制作方法】

整片编织，片织。

衣身：用7mm棒针起152针，按图解两边各加出5针。一个小圆角织到21cm处，织32针，收20针，织58针，收20针，织32针。第二行，织32针，放20针，织58针，放20针，织32针。按图解分散收针，在2针的两边收，中间部分24针收为6针，两边15针收为6针，共收掉108针。

帽子、衣边：剩余54针直接按图织帽子。在衣边、帽子边都用6.5mm钩针钩一行逆短针。

系带：按图解编织150cm带子，穿入帽子和衣片连接处，用灰色线做3个毛球，分别钉在带子两边帽尖头。

收尾：在放出20针的部位，挑出28针，从上往下织单罗纹12行。

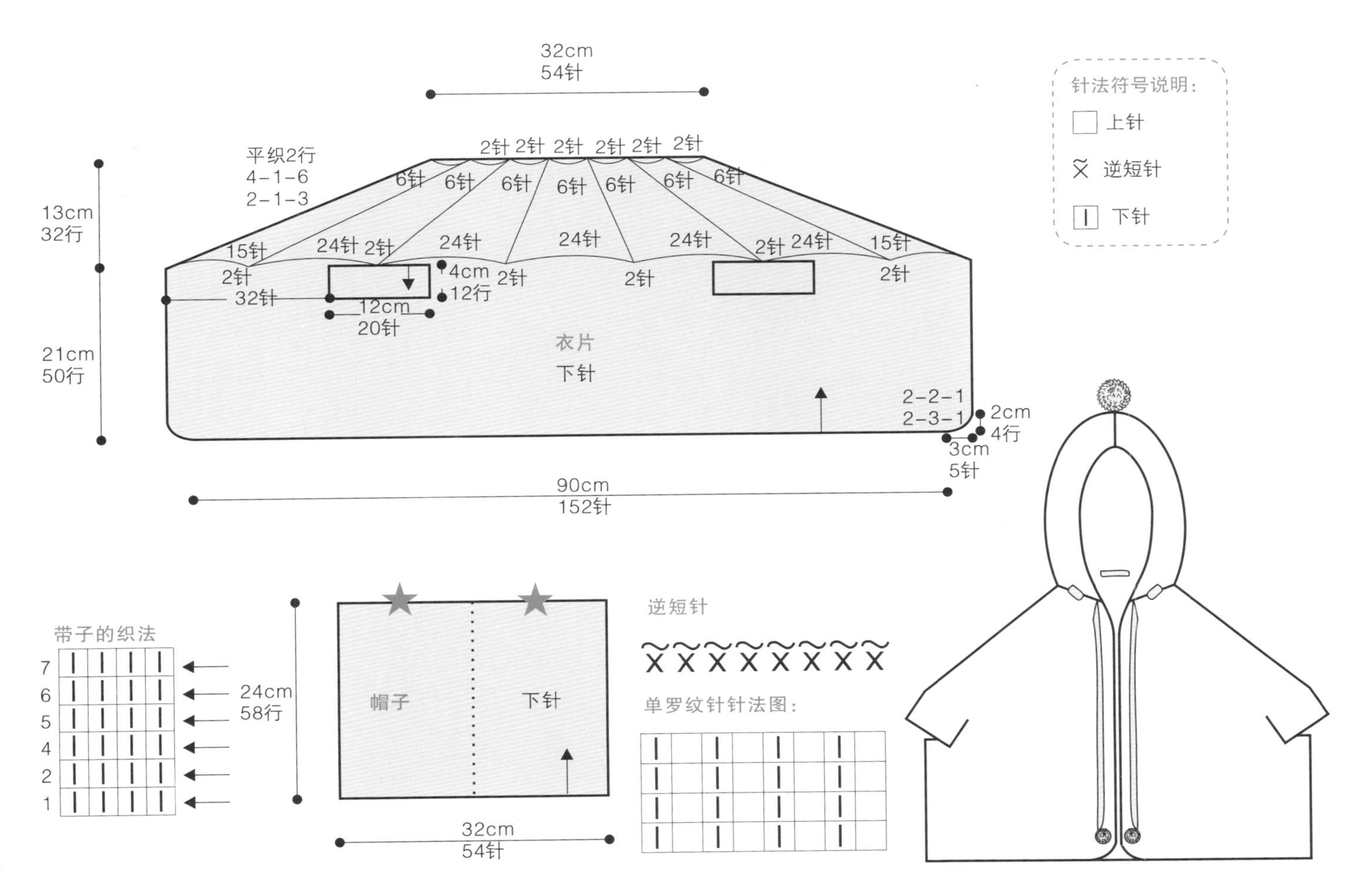

page 77

38 条纹口袋半袖衫

【成品尺寸】

胸围：64cm　衣长：36cm　袖长：20cm

【密度】 28针×40行=10平方厘米

【工具】10号棒针，3号钩针

【材料】 纯羊毛250g

【制作方法】

后片：用烟灰色线，起90针织全平针16行，上面织平针，织19cm开挂肩，腋下平收5针，再留3针为径，每4针减2针减12次，最后32针平收。

前片：用烟灰色线，起90针织全平针16行，上面织平针，织法同后片。织112行后开领窝，中心平收12针，再依次减针，至完成。

袖：织间色花样。起70针织全平针14行，上面织平针，织26行后开始织间色花样，6行黑色、6行烟灰色，织4次。

口袋：另起50针织间色花样11cm，沿边缘钩一行逆短针，缝合在前片位置。

领：沿领窝挑118针织单罗纹8行，后领窝中心留31针，依次收成三角形状，最后3针织22行收针；另做一个绣球缀上，完成。

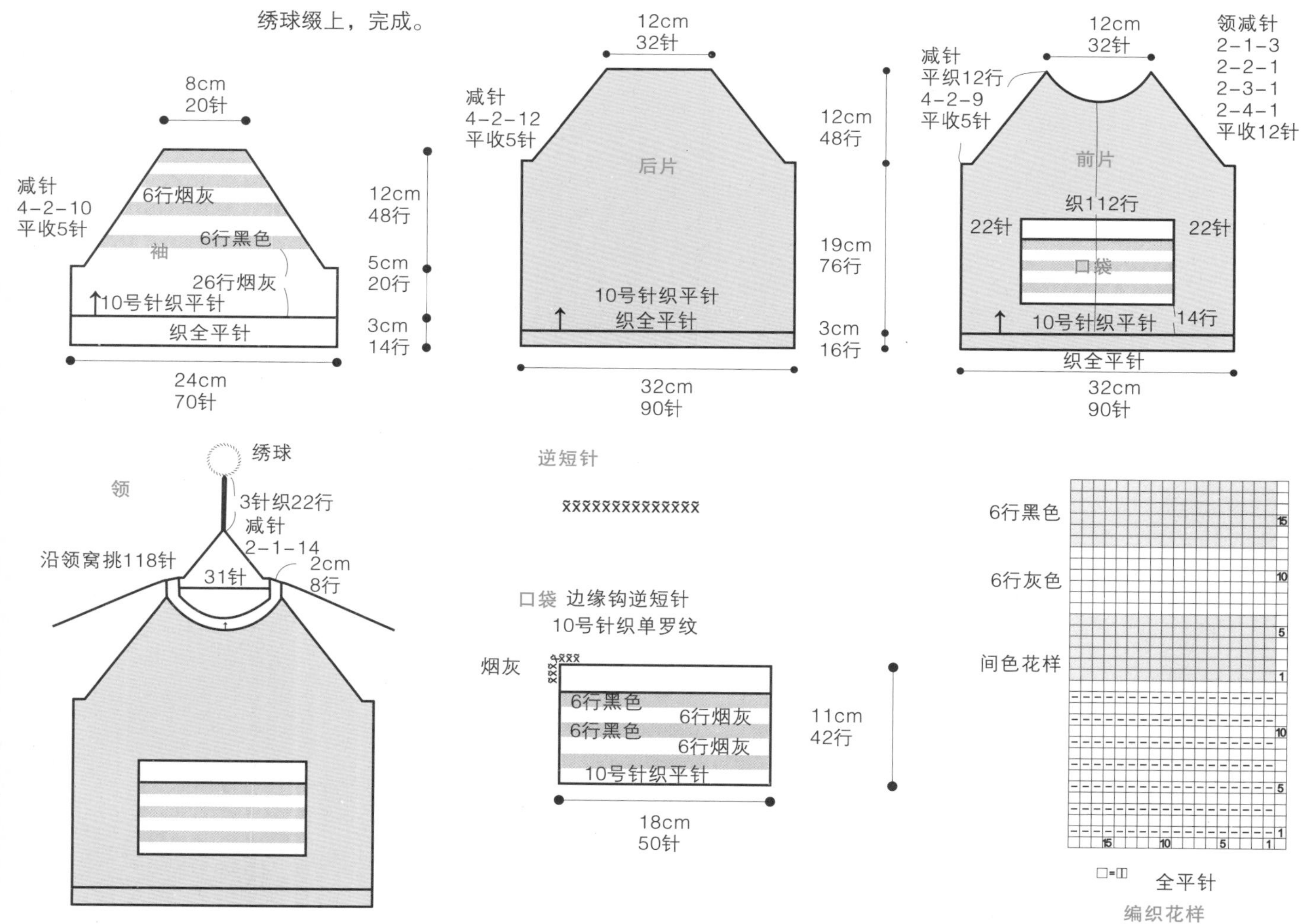

39 灵动蝴蝶裙

【成品尺寸】

胸围：60cm　衣长：44cm　肩宽：23cm

袖长：30cm　衣摆：42cm　领围：45cm

【密度】25针×32行=10平方厘米

【工具】2.5mm、3.0mm棒针，2.5mm钩针

【材料】粉色棉线250g，纽扣7粒

【制作方法】

前片（2片）：用3.0mm棒针、粉色棉线起52针，从下往上编织下针29cm（92行），一侧收针，每10行收1针8次，平织12行，这时剩44针，在一行中一次收12针，两边各10针下针，中间24针下针2针并1针，剩32针，织2cm 后开挂肩，收针参照图解。收挂7cm后收领，按图解收针，领深6cm。相同方法织另一片。

后片：用3.0cm棒针、粉色棉线起104针，从下往上编织下针29cm（92行），两侧对称收针，每10行收1针8次，平织12行，这时剩88针，在一行中一次收24针，两边各20针下针，中间48针下针2针并1针，剩64针，织2cm 后开挂肩，收针参照图解，收挂11cm后收领，按图解收针，后领深2cm。

袖片（2片）：用2.5mm棒针、粉色棉线起34针，织单罗纹2cm，换3.0mm棒针织下针，两边参照图解加针，织8cm后收袖山，详细收针方法参照图解。

领子：按图解直接在领部用钩针编织花样A。

收尾：下摆用2.5mm钩针钩花样A。缝合前、后片及袖片，钉上纽扣。

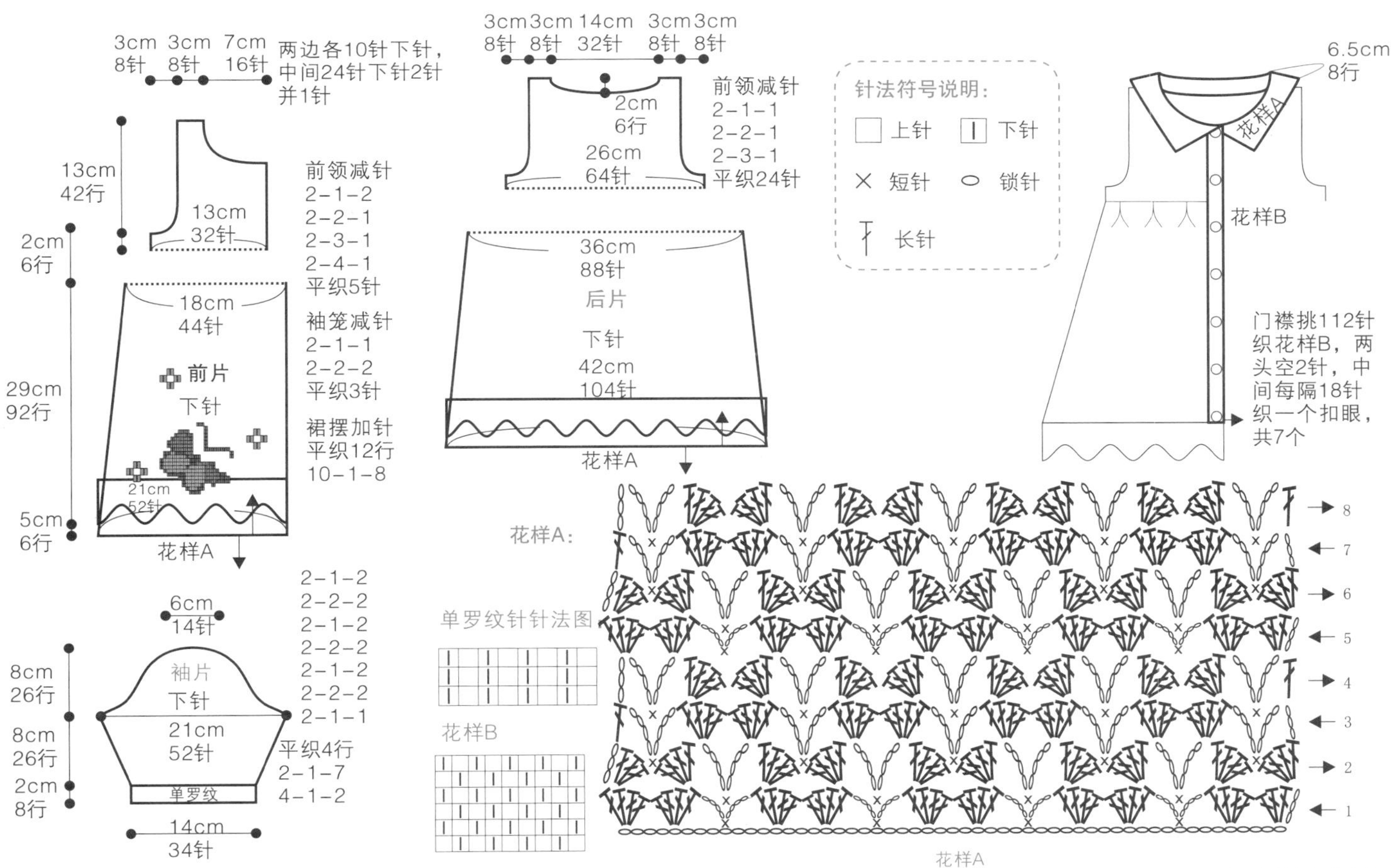

40 蜜糖宝贝镂空衫

【成品尺寸】

胸围：64cm　衣长：37cm　肩宽：25cm　袖长：28cm

【工具】11号棒针　【密度】32针×40行＝10平方厘米　【材料】丝光棉带结线140g

【制作方法】

前片：衣服是从下摆起针往上织。起104针。按花样针法图往上织到22.5cm。同时在两侧按每16行收1针收3次、每14行收1针收2次的规律收出胸围线，从下摆往上织到70行后要织14行扭单罗纹针，然后再织6行花样后在腋下平收2针、每2行收1针收3次、每4行收1针收1次，再不加不减往上织到28行时，开始收出前领，两侧肩上的16针留待和后肩合并用。

后片：和前片一样仍是从下摆起针往上织。起104针。按花样针法图往上织到22.5cm。同时在两侧按每16行收1针收3次、每14行收1针收2次的规律收出胸围线，从下摆往上织到70行后要织14行扭单罗纹针，然后再织6行花样后在腋下平收2针、每2行收1针收3次、每6行收1针收1次，再不加不减往上织到54行时，开始收后领，两侧肩上的16针和前肩合并。

袖片：从袖口起针往上织。起52针。织10cm扭单罗纹针，在袖下线两侧按每4行加1针的规律加15次，加针到82针后，再平收2针，按每2行收2针的规律收6次。最后将前、后片的两侧腋下线合并好，安装好袖子，在下摆、袖口及领口钩织2行短针、1行狗牙针。

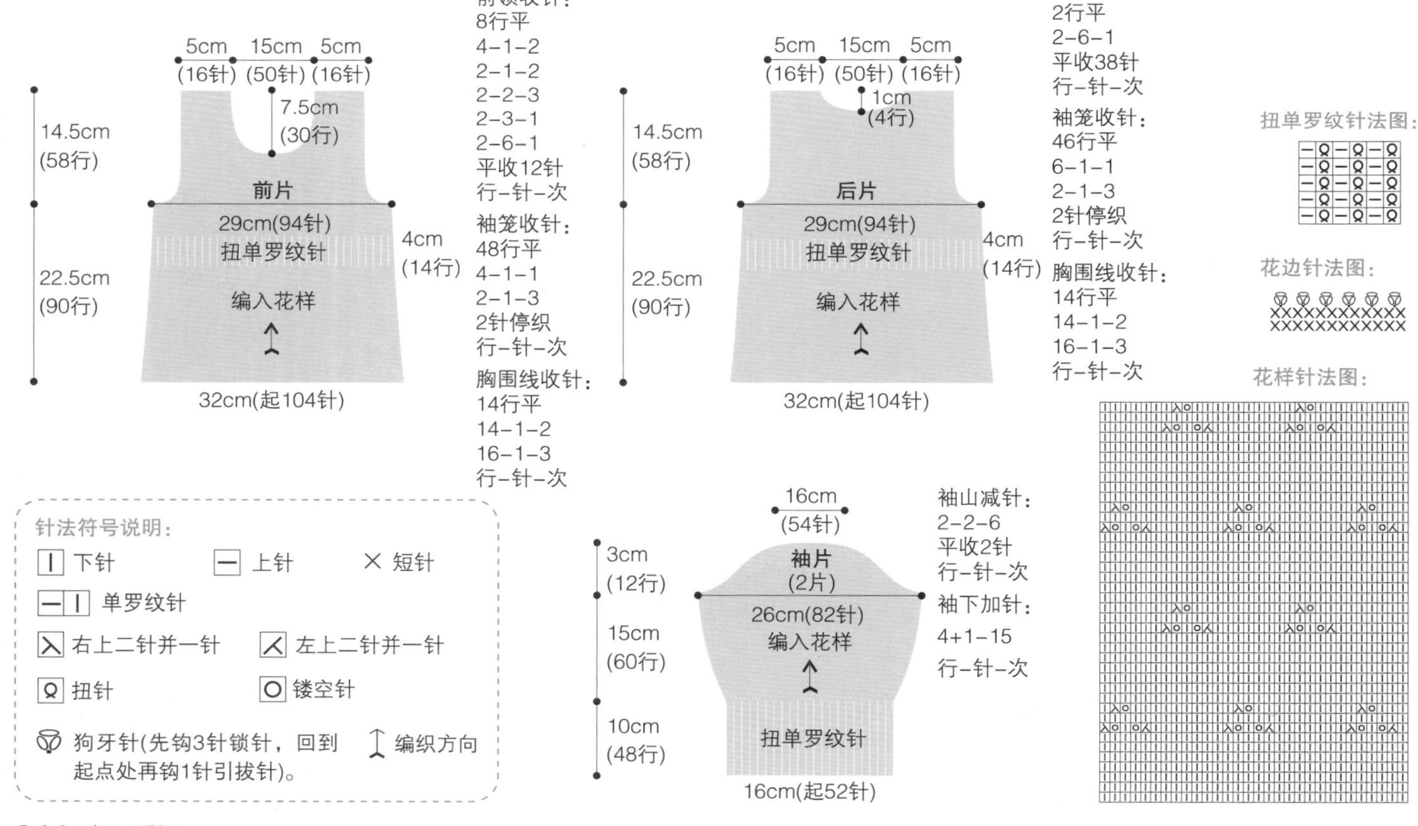

page 83

41 圆领麻花套头衫

【成品尺寸】

胸围：68cm　衣长：36cm　袖长：34cm

【密度】30针×38行=10平方厘米

【工具】9号棒针

【材料】织美绘东洋纺300g

【制作方法】

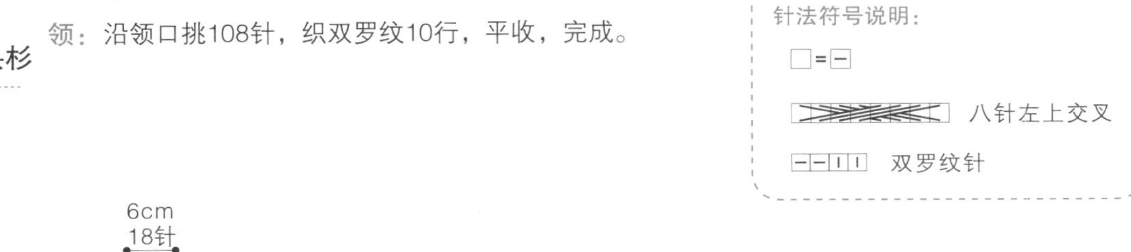

后片：起102针织双罗纹20cm后开挂肩，腋下平收5针，上面依次减针，共织14cm，领窝深1.5cm，肩平收。

前片：起102针织双罗纹16行，上面织花样，织16cm开挂肩，织法同后片，领窝深6cm，依次按图减针，肩平收。

袖：起50针织双罗纹，两侧按图示依次减针，织23cm收织袖山，先平收5针，再每2行减2针减10次，最后18针平收。

领：沿领口挑108针，织双罗纹10行，平收，完成。

针法符号说明：

□=⊟

八针左上交叉

双罗纹针

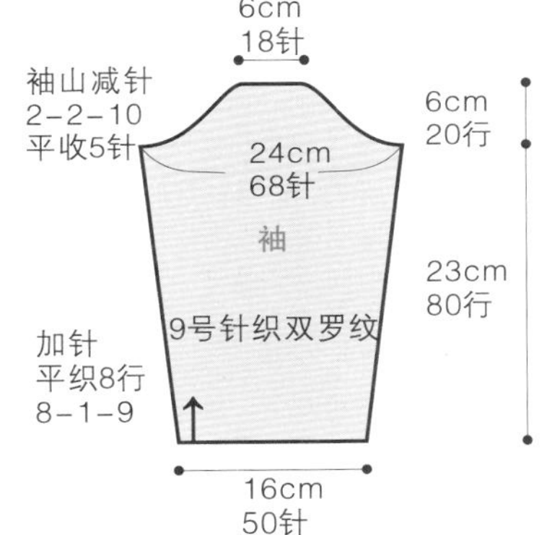

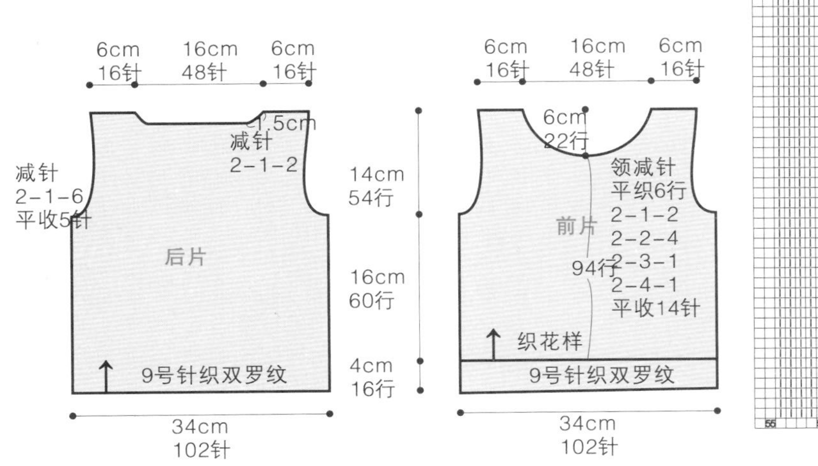

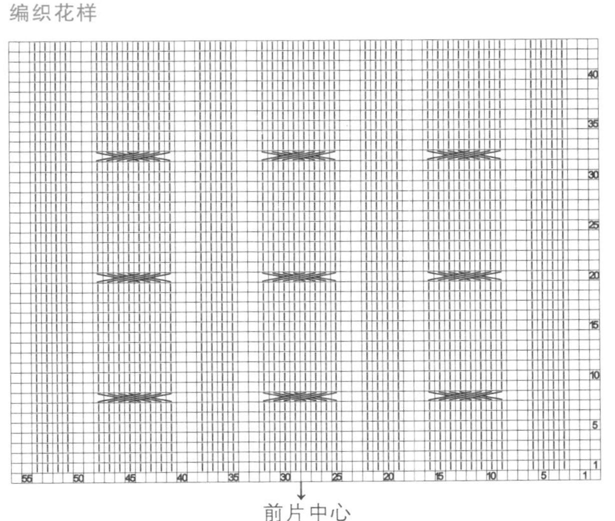

page 85

42 镂空叶子衫

【成品尺寸】

胸围：65cm　衣长：36.5cm　肩宽：27cm　袖长：28cm

【工具】10号棒针　【密度】22针×32行＝10平方厘米　【材料】鹅黄色奶棉线180g

【制作方法】

后片：起72针片织，采用一行上针一行下针编织8行。往上织到22cm处要开挂肩。左右相同减针，平收3针，然后按2-2-1、2-1-2、4-1-1的规律收针，织到40行时，要收后领，方法是：先停织中间的24针，再按2-2-2的规律收出后领弧线。

前片：起42针(含门襟6针)片织，采用一行上针一行下针编织8行。除门襟6针继续织一行上针一行下针外，其他的36针全织下针，往上织到22cm处要开挂肩。在外侧收针，门襟侧暂不收针继续往上织。

前袖笼收针方法：平收3针，然后按2-2-1、2-1-2、4-1-1的规律收针，织到22行时，要收前领，方法是：先停织10针，再按2-2-1、2-1-2、4-1-2的规律收出前领弧线。

袖子：从袖口起44针圈织一行上针一行下针8行，然后在袖下线两边加针，按每8行加2针加到60针，再收出袖山。衣服各单元片织完后，将前、后肩合并好。装好袖子，在衣领处挑针横向织一行上针一行下针到3cm高度后收针。

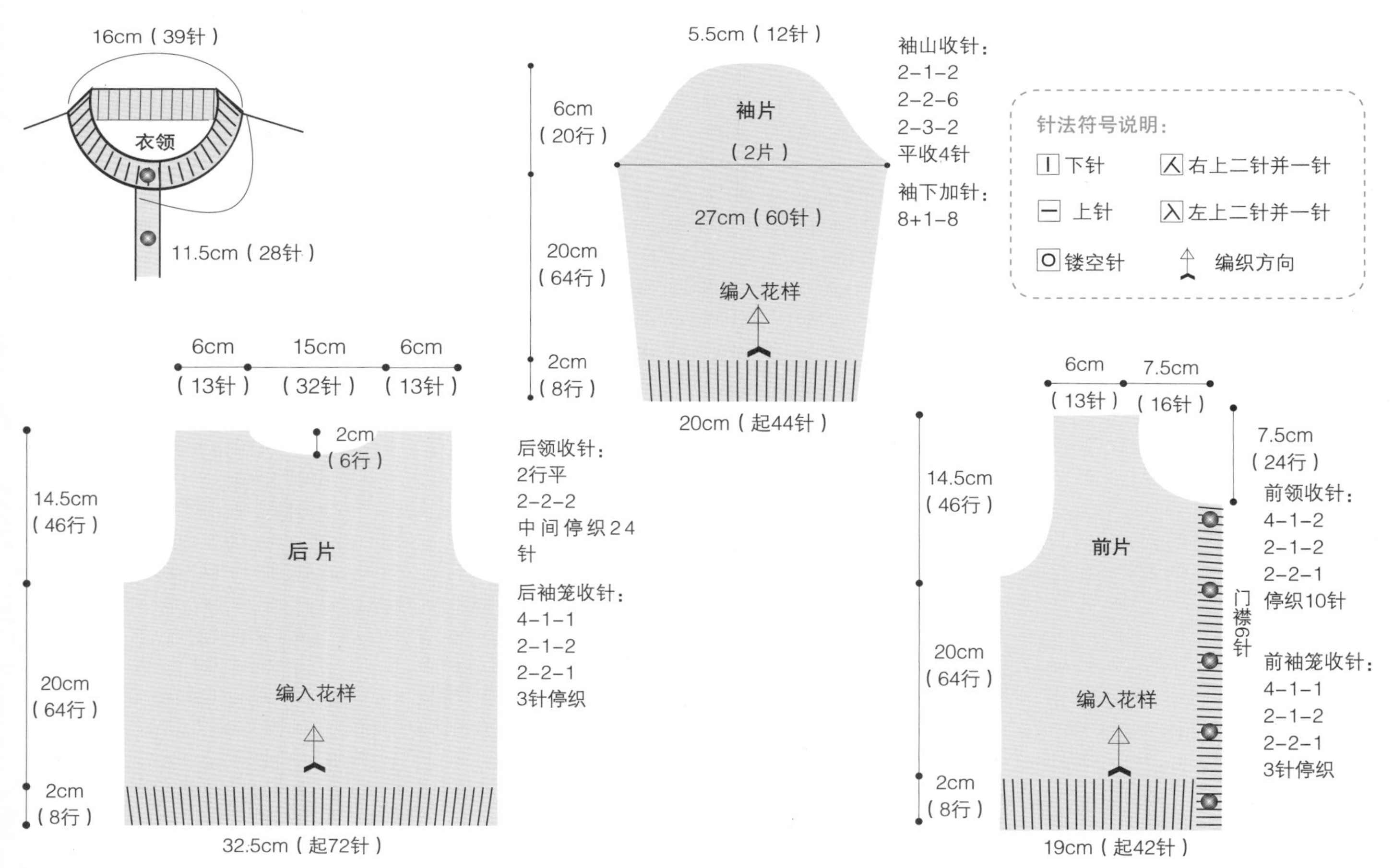

page 87

43 麻花插肩衣

【成品尺寸】

胸围：62cm　衣长：45cm　肩袖长：39cm

【工具】10号棒针

【密度】27针×32行＝10平方厘米

【材料】蓝色中粗毛线320g

【制作方法】

前片、后片：分别是从下摆起针往上织。起104针往上织，按相关针法图示编入花样，注意在“公主线”及两侧缝线上的收针。织到20cm时，在腋下侧缝线上按照图示加针。

袖子：从袖口起60针往上织，针法参照前片（公主线的收针除外）。在袖下线两侧按每8行加1针，加9次，加到78针。织好另一个对应的袖片。

抵肩：由前（后）片及相邻袖片各出4针组成扭花的“茎”，然后在“茎”的两侧每2行收1针，收23次。

收前领：从织抵肩开始往上计12cm后，在前片正中央开始收前领。先平收10针，再按图示收针方式收针。

衣领：将抵肩剩下的针数全部用于织衣领。按衣领针法图织17行，衣领会自然卷曲。

收尾：在前片合适位置上熨上亮钻片，起到画龙点睛的装饰作用。

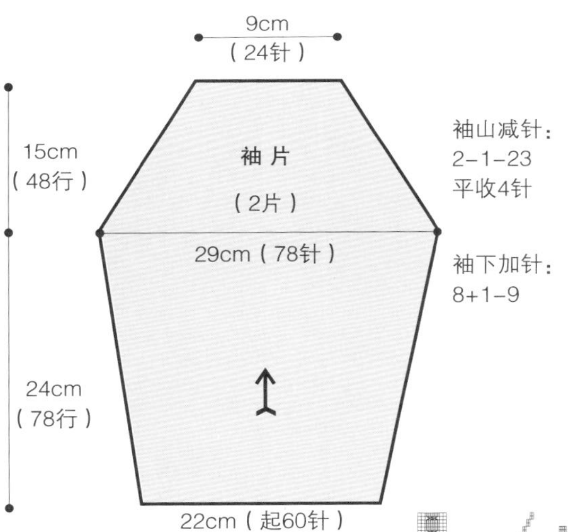

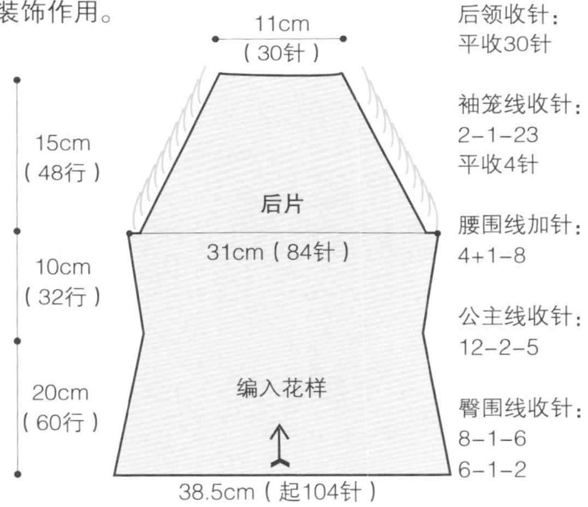

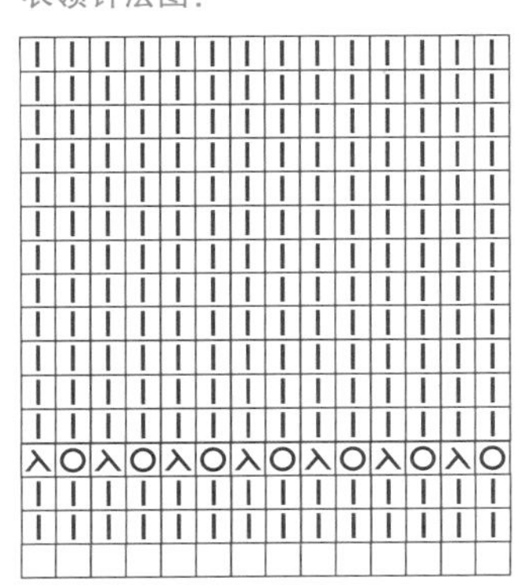

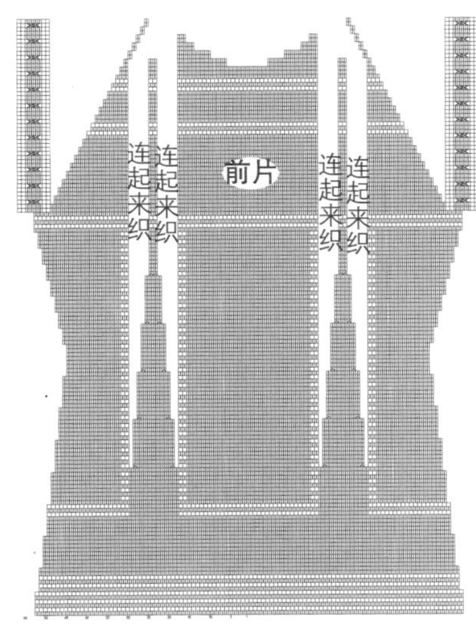

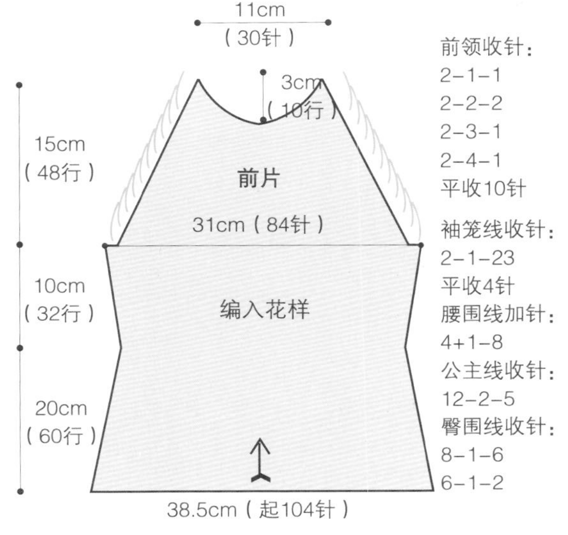

page 89

44 复古麻花辫带帽衫

【成品尺寸】

胸围：70cm　衣长：36cm　袖长：30cm

【密度】28针×30行=10平方厘米

【工具】9号、7号棒针

【材料】羊毛、银丝共370g，纽扣5粒

【制作方法】

后片：用9号针起100针织单罗纹10行，换7号针织花样A，织17cm开挂肩，腋下平收4针，再依次收针，挂肩高16cm，领窝深1.5cm，肩平收。

前片：用9号针起59针织单罗纹10行，换7号针织花样B，边缘8针织单罗纹作为门襟，与身片同织，开挂后织法同后片，不开领窝，一直平织至肩，留针待用。

袖：用9号针起44针织单罗纹8行，换7号针织花样A，两侧按图示加针方法织袖筒，织21cm后开始收袖山，两侧按图示减针，最后34针平收。

帽：缝合各片，将前片预留的针数如数穿起并挑出后片的针数织帽，边缘8针单罗纹不变，另织花样B6针；在花样A的边缘一组收针，帽尖收掉5针后缝合。最后钉上纽扣，完成。

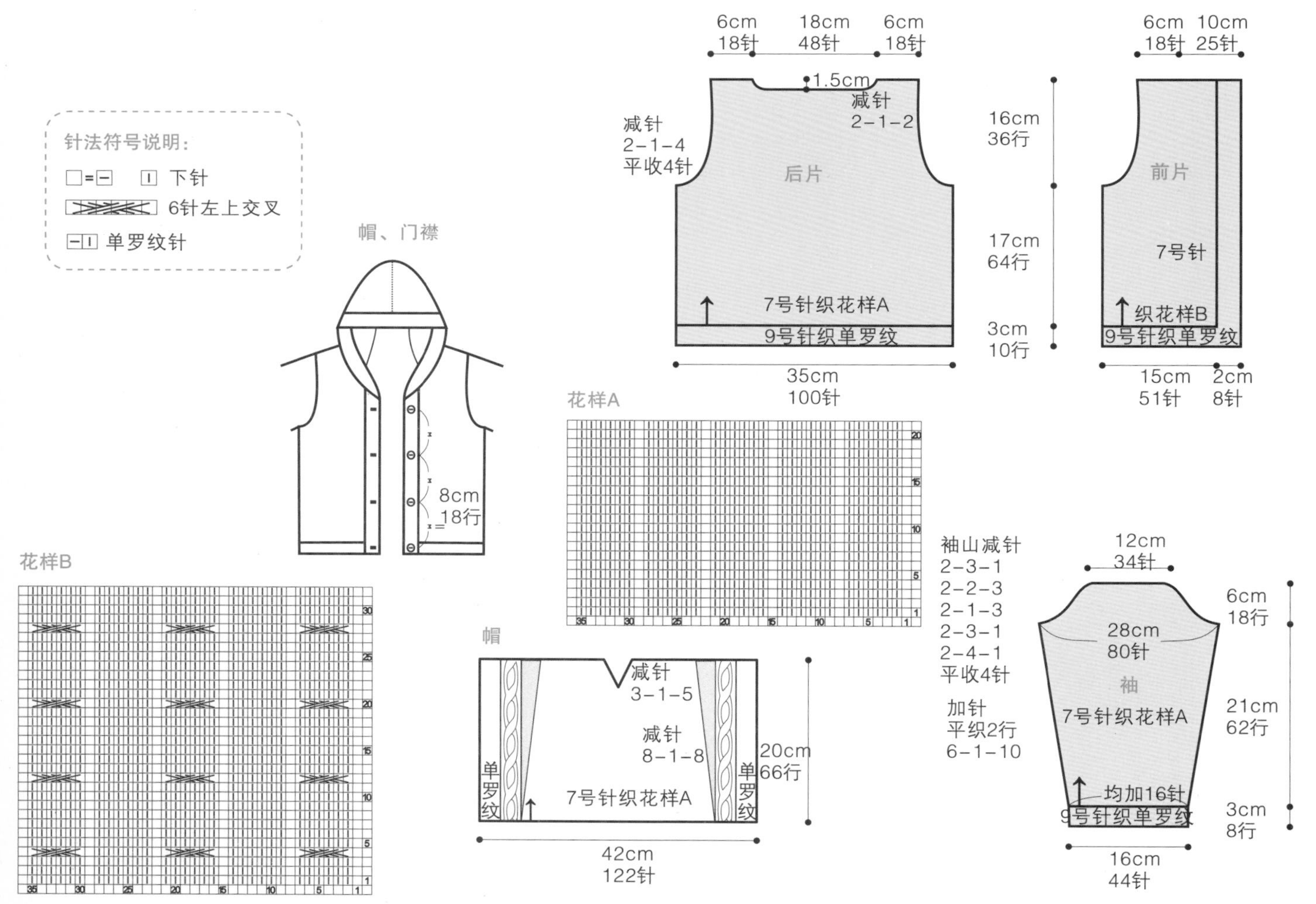

page 91

45 蓝色宝贝

【成品尺寸】

胸围：60cm　衣长：34cm　袖长：30cm

裤长：37cm　腰围：40cm

【密度】下针：30针×33行=10平方厘米

花样：33针×33行=10平方厘米

【工具】12号、10号棒针

【材料】羊毛、银丝各370g，纽扣5粒

【制作方法】

本款为两件套，分别是上衣和裤子。

上衣后片：用12号针起86针织14行单罗纹，换10号针织平针，织17cm开挂，腋下平收5针，再分别按图示减针，织平肩，后领窝深1.5cm。

上衣前片（2片）：用12号针起46针织14行单罗纹，换10号针织平针，织法同后片，领窝深7cm。开挂后织10cm后开始按图示收领窝，先平收8针，再按图示逐渐减针，至完成。

袖（2片）：从下往上织，用12号针起50针织14行单罗纹后，换10号针织平针，分别按图示在两侧加针织出袖筒，织21cm后开始织袖山，先在腋下平收5针，再依次减针，最后14针平收。用同样方法织另一片。

领、门襟：均用12号针织双罗纹；先织门襟，在前片的边缘挑106针，根据宝宝性别分别在左侧或或右侧开4个扣洞；织10行平收；领沿领窝挑128针，在和门襟扣洞平行的位置开一个扣洞，织10行平收；缝合纽扣，完成。

裤：用12号针起70针先织14行双罗纹，换10号针织，中间32针织花样，两侧各均加4针织平针；腿逐渐加针变粗，织46行在两侧边缘织6针全平针，上面织平针做内档边，织62行暂停；如此织另一条裤腿，合并前片内档边，后档再织12行合并。圈织12行织腰，腰用12号针织10行双罗纹，可穿松紧带或背带用，完成。

4cm 14针　17cm 42针　4cm 14针　1.5cm
减针 2-1-3 平收5针
减针 2-1-2
后片
17cm 56行
17cm 56行
10号针织平针
12号针织双罗纹
3cm 14行
30cm 86针

4cm 14针　8cm 25针
7cm 24行
领减针 平织4行 2-1-6 2-2-2 2-3-1 2-4-1 平收8针
前片
10号针 织花样
织双罗纹
14cm 46针

袖山减针 2-3-1 2-2-3 2-1-3 2-2-1 2-3-1 2-4-1 平收5针
加针 平织8行 10-1-3 8-1-4
4cm 14针
6cm 20行
24cm 72针
袖
10号针织平针
21cm 70行
均加8针
12号针织双罗纹
3cm 14行
16cm 50针

针法符号说明：
□ = ⊟ 上针
⊡ 下针
4针左上交叉

编织花样（前片）

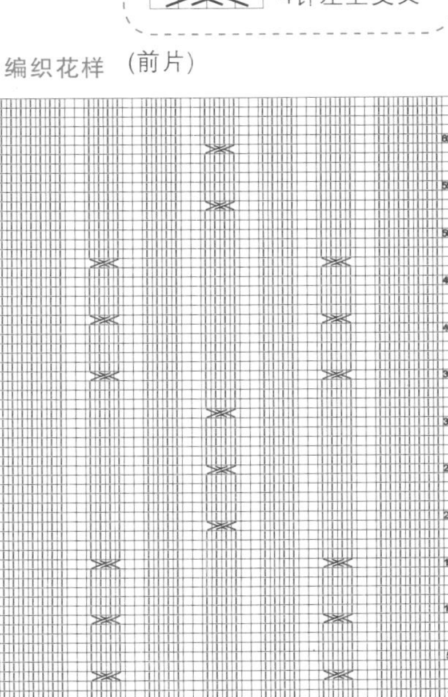

领、门襟
12号针织双罗纹　领挑128针
2cm 10行
挑106针
织双罗纹
=5cm 12针
2cm 10行

12行
20cm 80针　20cm 80针
穿松紧带 12号针织双罗纹
2cm 10行
后片　前片
24行
74行　62行
10号针织花样
10号针织平针
A 6针织全平针
B 加针 平织4行 6-1-7
32cm 106行
32针
12号针织双罗纹
3cm 14行
均加4针　16cm 70针　均加4针

【成品尺寸】

胸围：70cm　衣长：40cm　肩袖长：40cm

【密度】21针×26行=10平方厘米

【工具】7号棒针

【材料】纯羊毛450g，纽扣4粒

【制作方法】

后片：起74针织边缘花样12行，上面按图解织花样40行后将针数分成三部分，中间45针继续织花样，两侧各14针织平针，整体织完26cm后开挂肩，腋下平收5针，留3针为径减针，每2行减1次减18次，最后27针平收。

前片：起47针，外边门襟外织花样，其他同后片。织40行后将针数分成四份，门襟处不变，其他分别为14针、14针、10针，中间14针织花样，两侧织平针，开挂后织26行开始收领窝，按图示收针；门襟按需要在一侧开3个扣洞。在相应位置缝合纽扣。

page 93 46 男童开衫

袖片（2片）：起38针织边缘花样12行，上面织平针，两侧按图示加针织袖筒，织23cm开始收袖山，腋下平收5针，再按图示收针，最后12针平收。

领：沿领窝挑94针织领花样10行，并在对应一侧开个扣洞；平收。

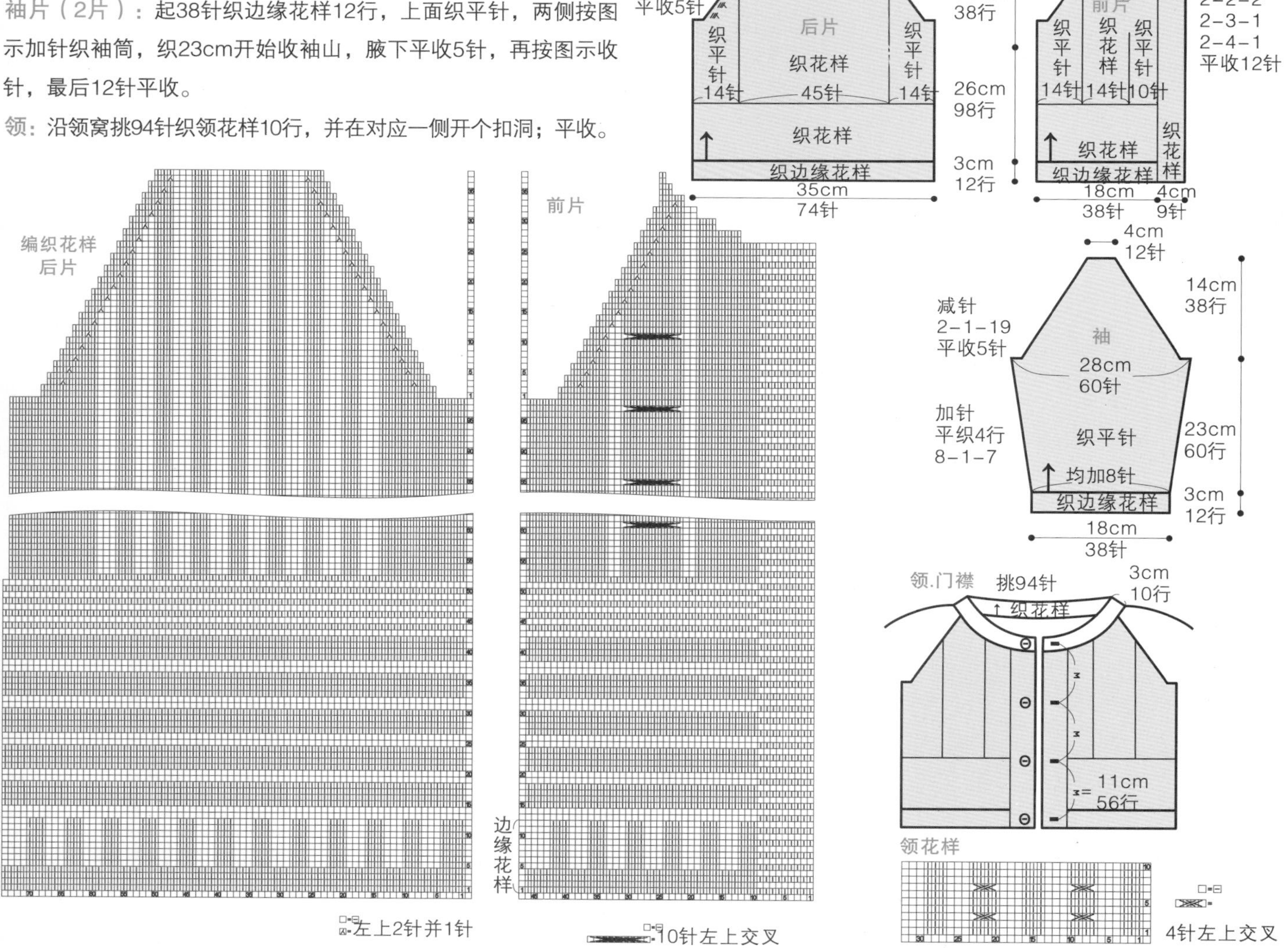

page 95

47 活力宝贝装

【成品尺寸】

胸围：68cm　衣长：35cm　袖长：32cm

【密度】29针×37行=10平方厘米

【工具】11号、12号棒针

【材料】九色鹿维也纳花式线250g

【制作方法】

后片：用12号棒针起98针织双罗纹14行，换11号棒针织平针，织18cm开挂肩，腋下平收5针，再依次减针，挂肩织14cm，后领窝深1.5cm，肩平收。

前片：用12号棒针起102针织双罗纹14行，换11号棒针织花样，织18cm开挂肩，腋下平收5针，再依次减针，领窝深7cm，中心平收14针，再依次减针，肩平收。

袖：从下往上织。用12号棒针起50针织双罗纹14行，换11号棒针织平针，先均加8针，依次在两侧加针织袖筒23cm，袖山先在腋下平收5针，再依次减针，最后22针平收。

领：用12号棒针沿领窝挑108针，织双罗纹10行，平收，完成。

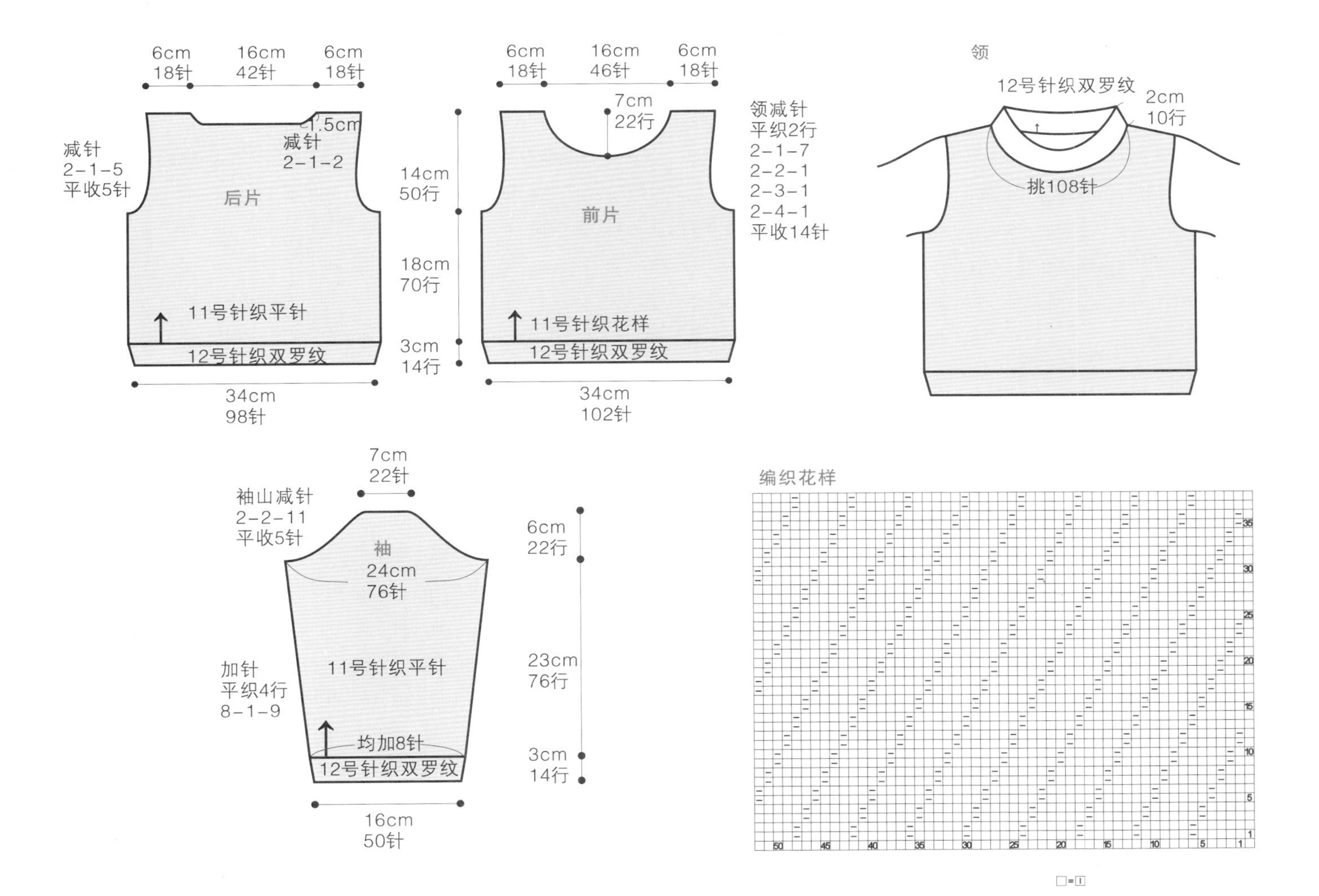

page 97

48 立领套头衫

【成品尺寸】

胸围：68cm　衣长：38cm　袖长：38cm

【密度】26针×30行=10平方厘米

【工具】9号棒针

【材料】羊毛、1股银丝共350g

【制作方法】

后片：起90针织花样，每织一组后递减一组花样织平针，使花样逐渐形成三角形状，织20cm开挂肩，腋下平收7针，留3针为径，每4行减2针，减12次，最后30针平收。

前片：起90针，织法同后片，织至开挂后24行时，从中心处分成两片分开织，各织20行平收；减针处不变。

袖：起50针织花样，织法同后片，织22cm开始收袖山，腋下平收7针，减针同后片，最后10针平收。

领：沿领窝挑70针织花样24行，平收，完成。

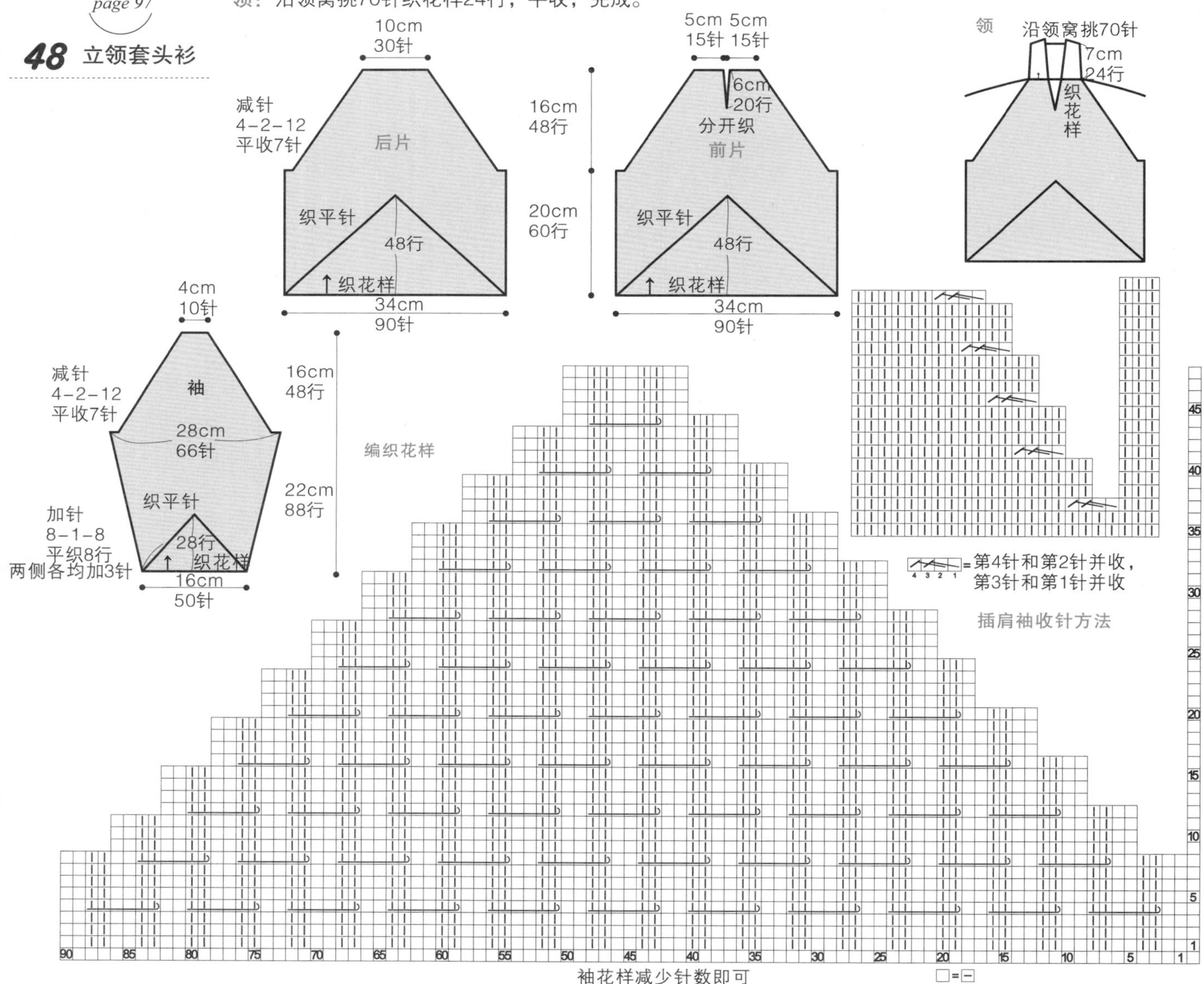

page 99

49 多色条纹衫

【成品尺寸】

胸围：66cm　衣长：36cm

袖长：37.5cm　肩宽：26cm

【密度】26针×40行=10平方厘米

【工具】2mm、2.5mm棒针

【材料】黄色细绒线200g，咖啡色50g，蓝色、灰色各25g，纽扣5粒

【制作方法】

前片（2片）：用2.0mm棒针、咖啡色线起43针织双罗纹4cm，换2.5mm棒针、黄色线往上织花样A，织到20cm处开挂肩，按图解收袖笼、收领子。收挂后按图解换色编织。相同方法织另一片。

后片：用2.0mm棒针、咖啡色线起86针，从下往上织4cm双罗纹，换2.5mm棒针、黄色线织下针，按图解收领。

袖片（2片）：用2.0mm棒针、咖啡色线起36针，织双罗纹4cm，换2.5mm棒针、黄色线织下针，两则同时收针，6行收1针6次、8行收1针7次、平织8行，开始收袖山，袖山处按图解换灰色、咖啡色、蓝色三色线编织。

收尾：前片、后片、袖片缝合后按图解挑领子，挑门襟，用2.0mm棒针编织双罗纹4cm后收针，按图解钉上纽扣。

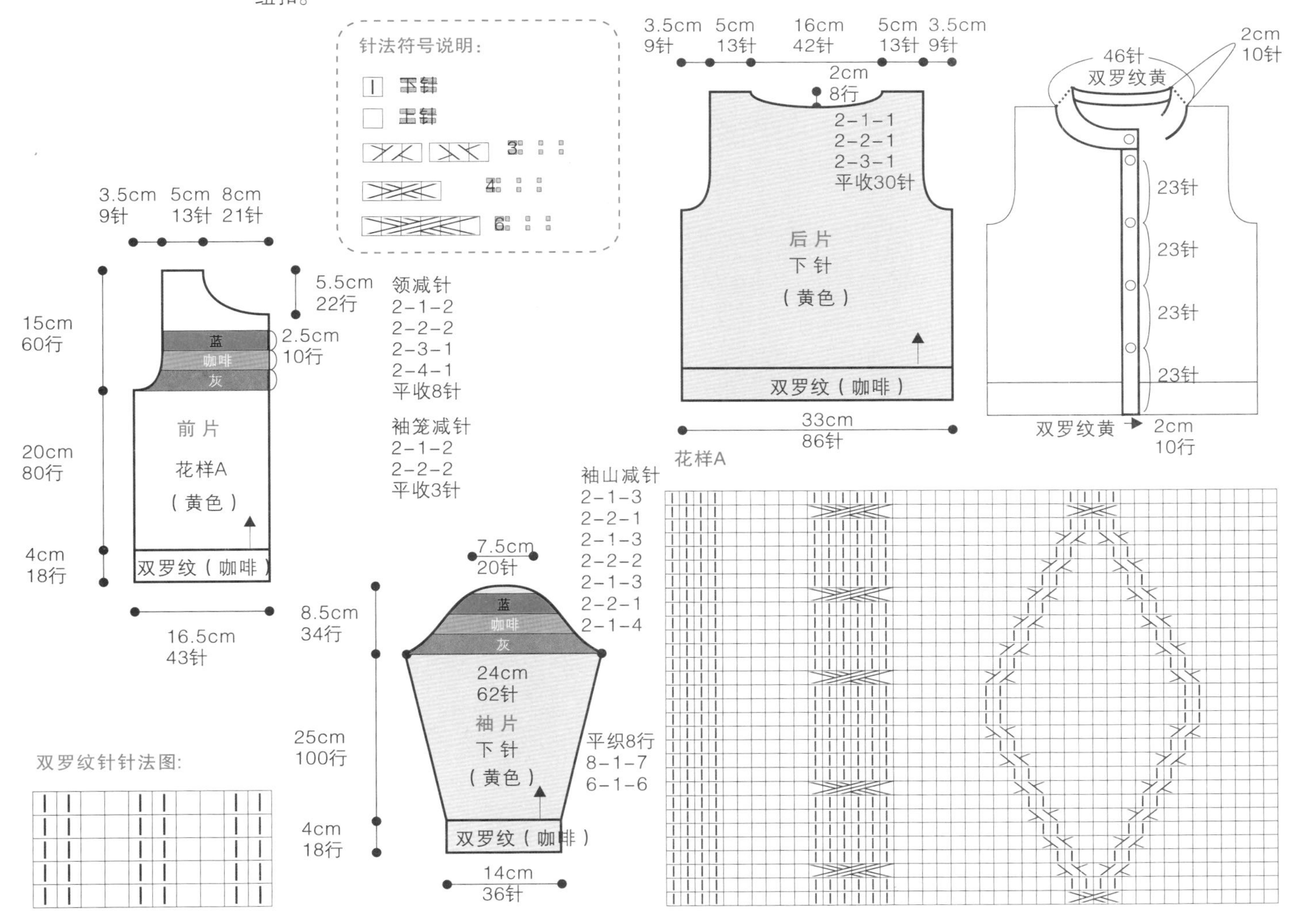

page 101

50 鸡心领套衫

【成品尺寸】

胸围：68cm　衣长：40cm　袖长：36cm

【制作方法】

【密度】33针×40行=10平方厘米

【工具】11号、12号棒针

【材料】羊毛线230g

后片：用12号棒针起106针织双罗纹26行，换11号棒针织平针，织20cm开挂肩，腋下平收5针，再依次减针，挂肩高度为14cm，领窝深1.5cm，肩平收。

前片：用12号棒针起106针织双罗纹26行，换11号棒针织平针，织法同后片；开挂织1cm后中心平收8针，分开织左右片；平织10行后开始收领窝，按图示减针，至完成。相同方法织另一片。

袖：用12号棒针起58针织双罗纹26行，换11号棒针织平针，两侧按图示依次加针，织24cm后收袖山，腋下平收5针，再依次减针，最后20针平收。

领：用12号棒针起12针织单罗纹，沿领口缝合，前片中心位置重叠，完成。

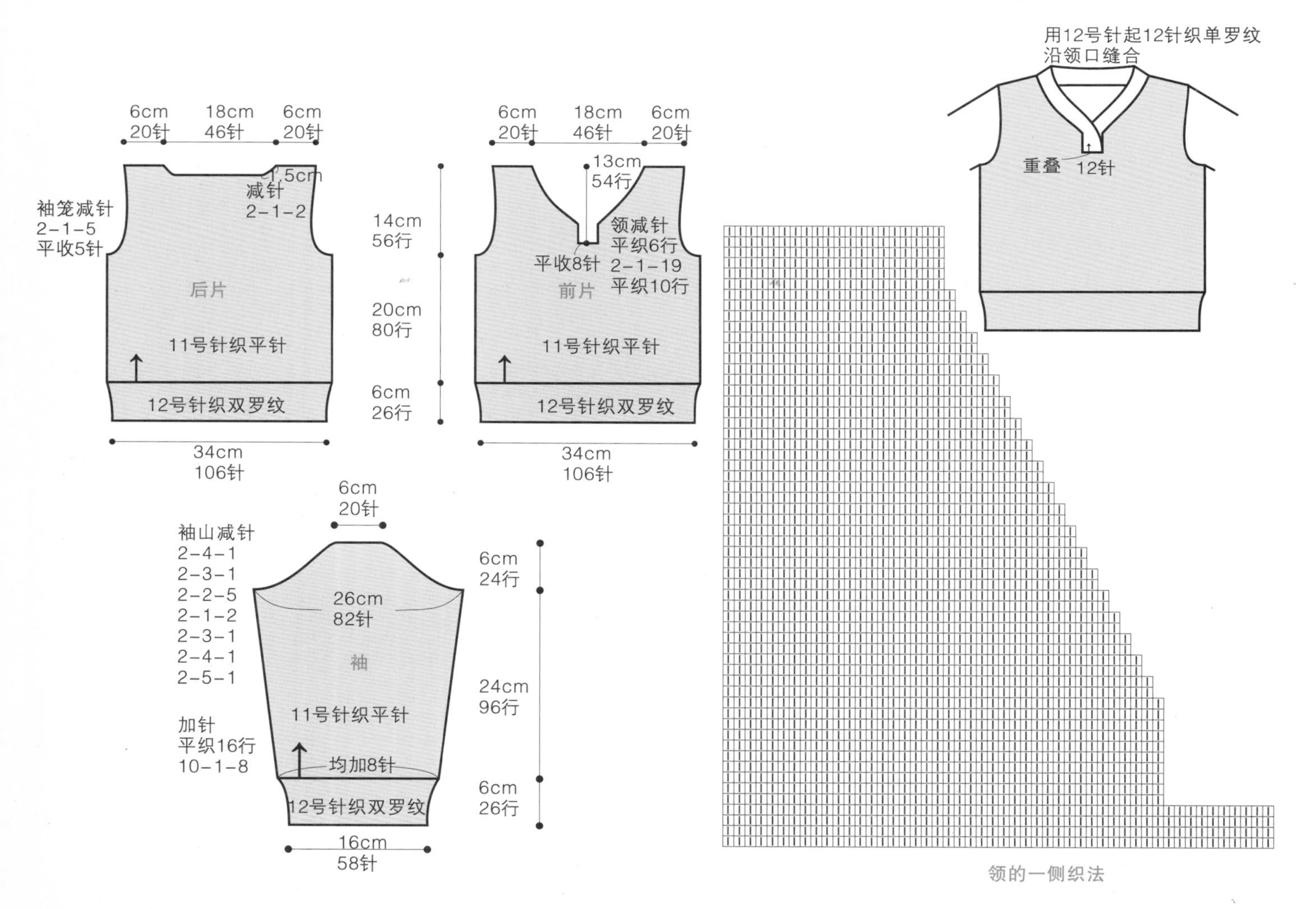

领的一侧织法

page 103

51 绚丽色彩儿童套装

【成品尺寸】

胸围：72cm　衣长：36cm　袖长：33cm

肩宽：28cm　裤长：40cm　臀围：68cm

【密度】26针×38行=10平方厘米

【工具】2.0mm、2.5mm棒针

【材料】花点浅驼、橘色、黑色线各350g

【制作方法】

上衣前片（后片）：用2.0mm棒针、浅驼色线起94针，从下往上编织双罗纹3.5cm（16行），换2.5mm棒针织16cm（60行）下针后开挂肩，开挂11cm后开领子，挂肩、领子的减针参照图解。

袖片：用2.0mm棒针、橘色线起36针，从下往上编，织2cm（10行）双罗纹，换2.5mm棒针编织下针20cm（76行），按图解加针、收袖山，另一袖片全部换黑色线，编织方法同。

收尾：前后片缝合，按图解用浅驼色线挑领边，编织带子100cm，穿入领边中间，带子一头钉上两个毛球。

裤子：用2.0mm棒针、右裤片黑色（左裤片橘色）线起58针，从下往上编织双罗纹2cm（10行），换2.5mm棒针织20cm（76行）下针，两边加针、收针参照图解，共编织黑色和橘色两片。

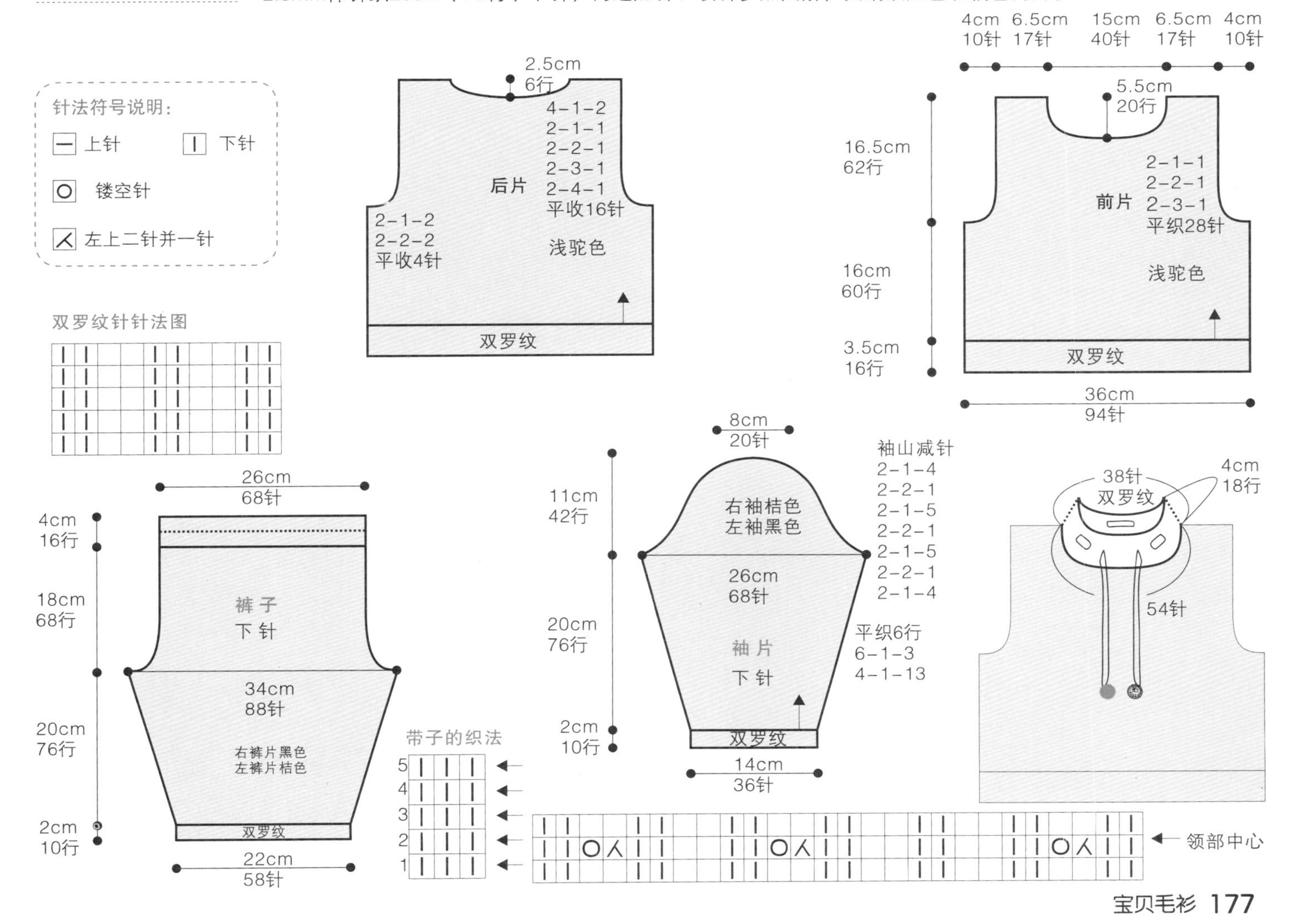

page 105

52 单排扣带帽外套

【成品尺寸】

胸围：80cm 衣长：38cm 袖长：34cm

【密度】19针×28行=10平方厘米

【工具】7号、9号棒针

【材料】编格雅诗系列300g，纽扣5粒

【制作方法】

后片：用9号针起74针织双罗纹8行，换7号针织平针，织22cm后开挂肩，腋下平收4针，再依次减针，挂肩织16cm，领窝1.5cm,，肩平收。

前片：用9号针起43针，织双罗纹8行，换9号针织；将针数分为5组分别为14针、3针、9针、8针、9针。其中3针组和中间的9针织花样，中间分别以平针来间隔；领窝留7cm深，先平收7针，再依次减针至完成，肩平收。

袖：用9号针起46针织双罗纹8行，换7号针织上针，两侧按图示依次加针织出袖筒，袖山先平收4针，再依次收针，最后20针平收。

帽：沿领窝挑88针织帽子，用7号针全部织上针，平织24cm，缝合帽顶。

门襟：帽织好后用9号针沿边缘挑272针，织双罗纹10行， 在一侧开出扣洞5个，钉好纽扣，完成。

page 106

53 糖果拼色衣

【成品尺寸】

胸围：56cm　衣长：29cm

袖长：25.5cm　肩宽：23cm

【密度】28针×40行=10平方厘米

【工具】2mm、2.5mm棒针

【材料】蓝、绿、黄、橙色细绒线各50g，黑色75g，灰色25g，彩色纽扣5粒

【制作方法】

前右片：用2.0mm棒针、灰色线起40针织双罗纹4cm（18行），换2.5mm棒针、蓝色线往上织下针，织到13cm（52行）处开挂肩，按图解收袖笼，织7cm后收领子，详细收针参照图解。前左片衣身织法同前右片，只是蓝色线部分全用绿色线。

后片：用2.0mm棒针、灰色线起80针，从下往上织4cm（18行）双罗纹，换2.5mm棒针、黑色线织下针，织到13cm（52行）处开挂肩，按图解收袖笼，织10cm后收领子，详细收针参照图解。

袖片：用2.0mm棒针、灰色线起38针织双罗纹4cm （18行）， 换2.5mm棒针、右袖橙色左袖黄色线织下针，两边加针方法参照图解，收袖山，2针收2针13次，剩16针平收。

收尾：前后片、袖片缝合后按图解挑领子、挑门襟，用2.0mm棒针编织双罗纹4cm，按图解钉上纽扣。

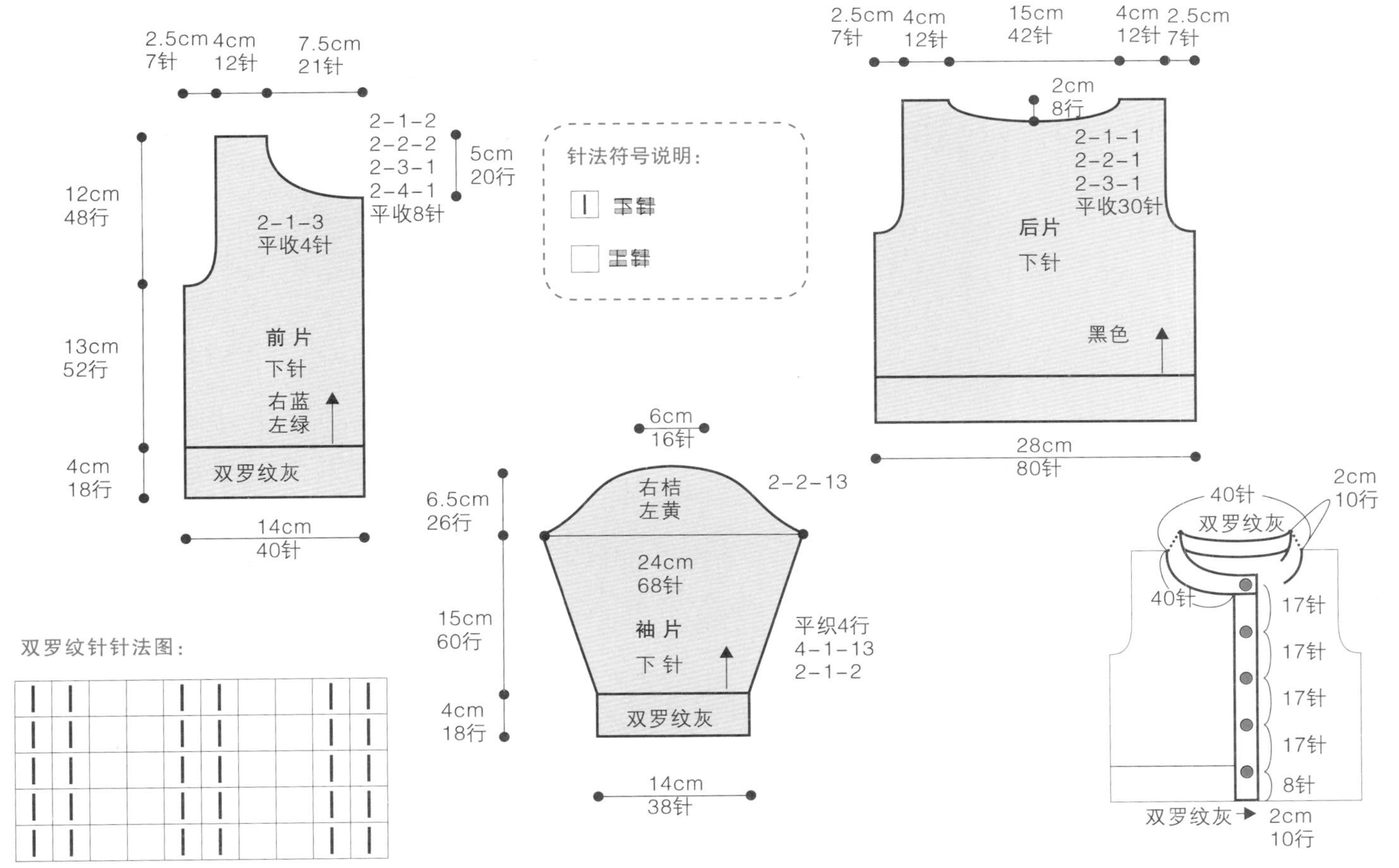

page 107

54 学院风毛衫

【成品尺寸】

胸围：56cm

衣长：34cm

袖长：28cm

【密度】28针×38行=10平方厘米

【工具】10号棒针

【材料】红色羊毛线150克，黑色羊毛线20克

【制作方法】

后片：黑色线起针80针编织双罗纹针5cm，换红色线往上编织平针15cm，开挂肩及收后领孤线。

前片(2片)：黑色线起针40针编织双罗纹针5cm，换红色往上编织平针6cm，按图示编织假袋口，向上编织花样，按图示开挂肩及收前领孤线。

袖片（2片）：黑色线起40针编织双罗纹针5cm，换红色线均匀加12针向上编织平针，按图示均匀加出袖肥大，收出袖山余30针。

缝合：前后片及袖片按相应位置缝合，用黑色线挑织门襟及领编织双罗纹针8行。

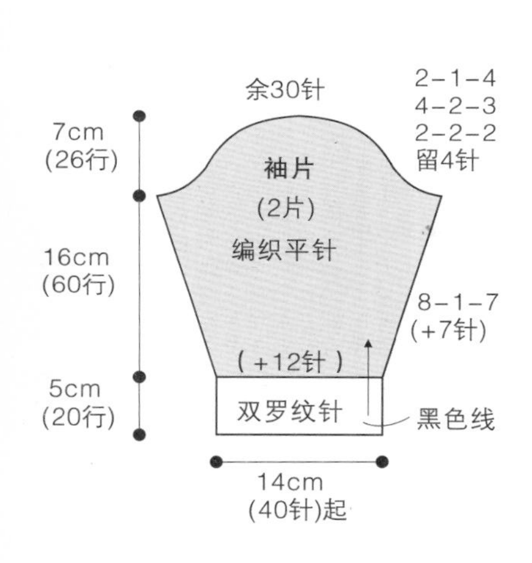

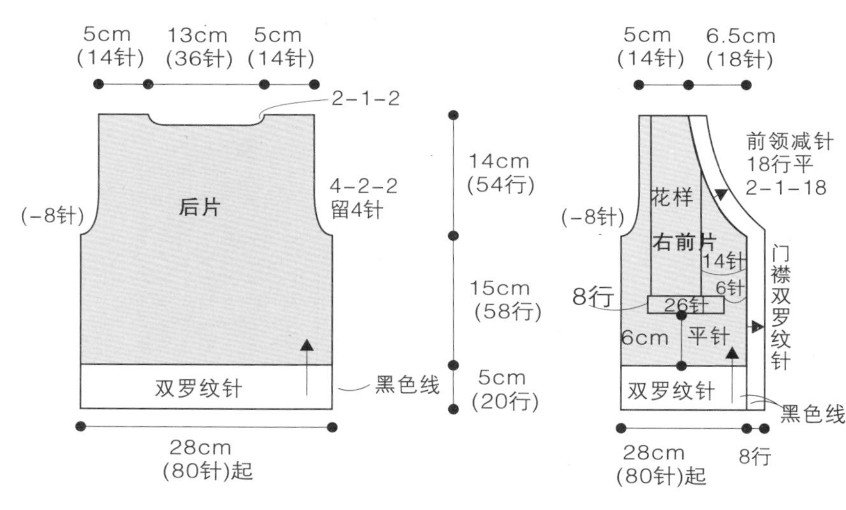

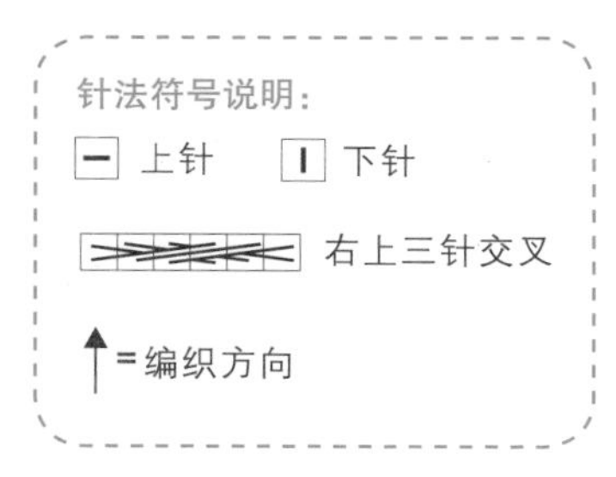

花样针法图

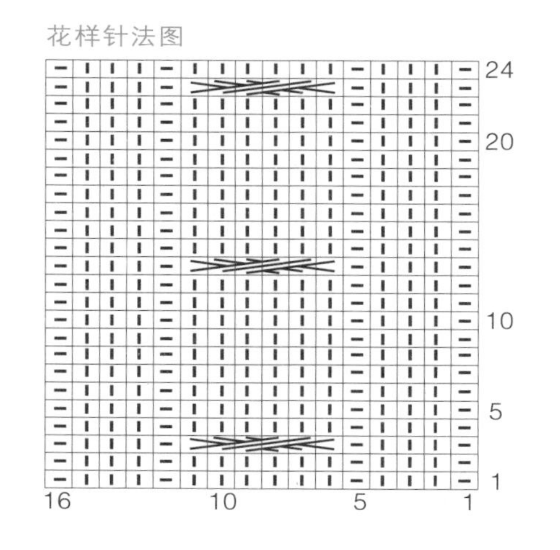

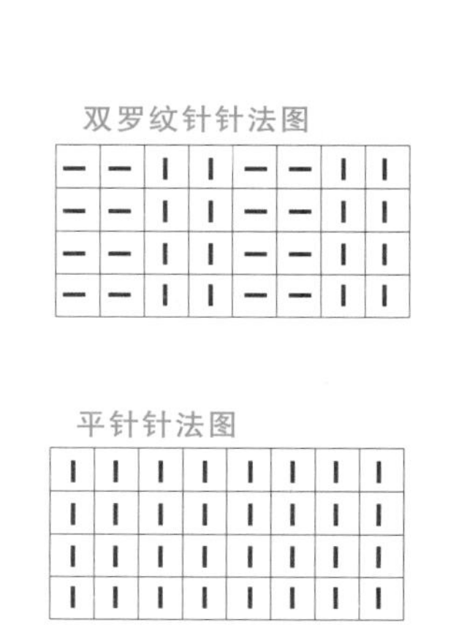

page 109

55 红白相间套头帽衫

【成品尺寸】

胸围：70cm　衣长：33cm

袖长：30cm　肩宽：27cm

【密度】25针×38行=10平方厘米

【工具】10号棒针一副

【材料】纯羊毛暗红色、白色棉线共370g

【制作方法】

衣服由前片、后片、2片袖片共三部分构成。配色身片为腋下加开袖笼后4行为暗红色，然后2行白、2行红后均为白色钩织；袖片为袖下加织袖山后4行。

前片：双罗纹起针法起90针，花样A织3cm;下针织17cm后按袖笼减针减针，织4行后中间第34针开始织花样B，并与下针同时编织，织9cm后开前领，按前领减针减针，两边对称织完后收针。

后片：类似前片，不同为后片无花样B，减针方法按后领减针。后片织完后将前片与后片肩部，腋下缝合；袖片袖下缝合，袖片与身片相缝合。

袖片：双罗纹起针法起50针，花样A织3cm；往上下针编织，并同时加针，加针方法：8-1-6(每8针加1针加6次)，两2侧同时按袖下加针加针，织19cm后按袖山减针织袖山，袖山织8cm.

衣领：依衣领图，前领和后领各挑60针、52针，花样A编织24行，其中4行为暗红色，织完往内折并缝合，形成双层领。

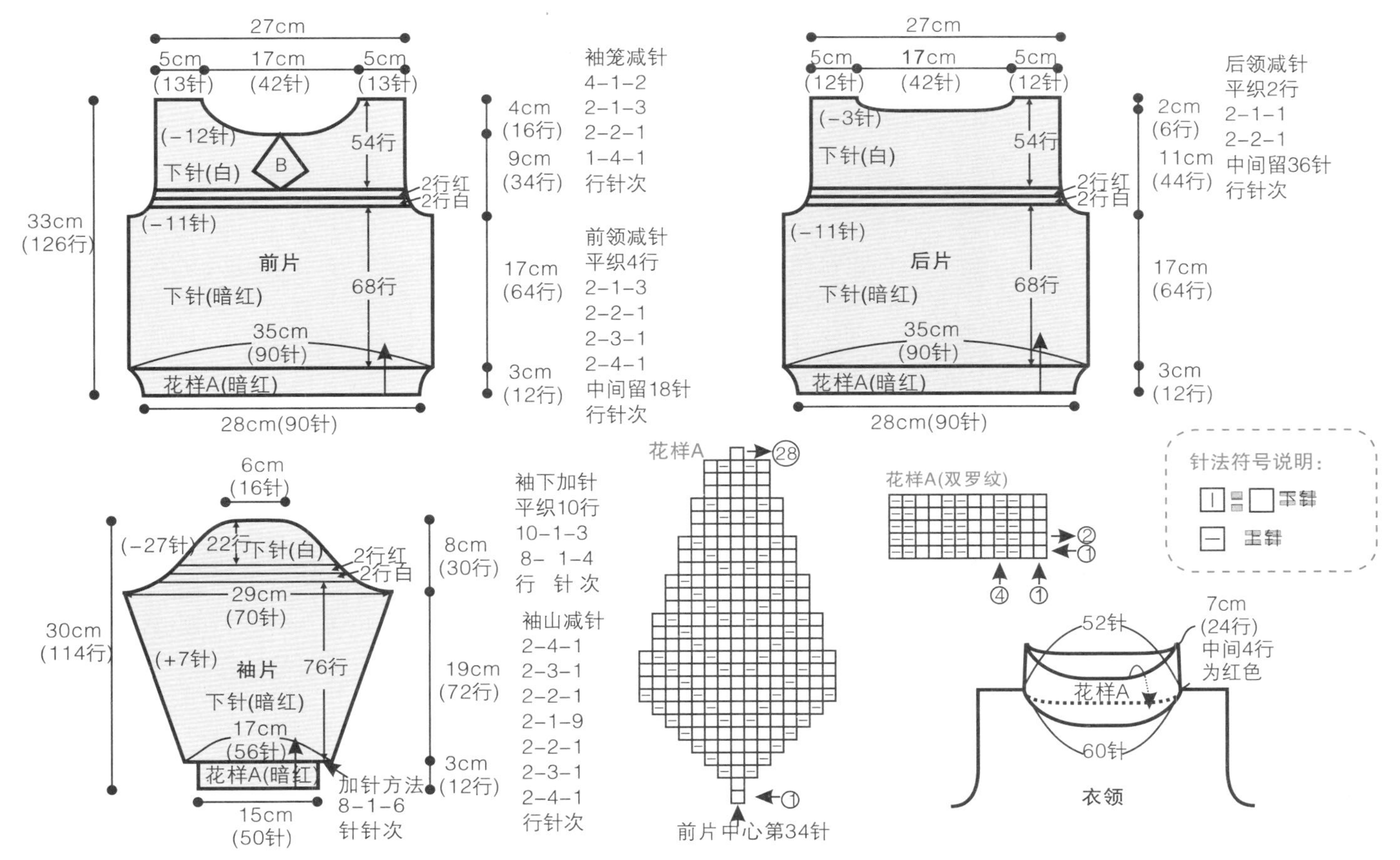

56 可爱撞色小开衫

【成品尺寸】

胸围：70cm

衣长：35cm

袖长：38cm

【密度】26针×33行=10平方厘米

【工具】9号棒针，6号钩针

【材料】烟灰兔毛、羊毛共190g，粉红、玫红各适量，纽扣5粒

【制作方法】

后片：用烟灰色起针织平针，织20cm开挂并织花样，腋下平收5针，再依次减针，边缘留2针为径，1针缝合用，最后36针平收。

前片：起42针，逐步加针成圆角，其他织法同后片，织30cm收领窝，先平收5针，再依次减针，至完成。

收尾：各部分织完后缝合，用钩针钩花边，先用粉色钩2行短针，在一侧留扣眼，再用玫红色线钩花，完成。

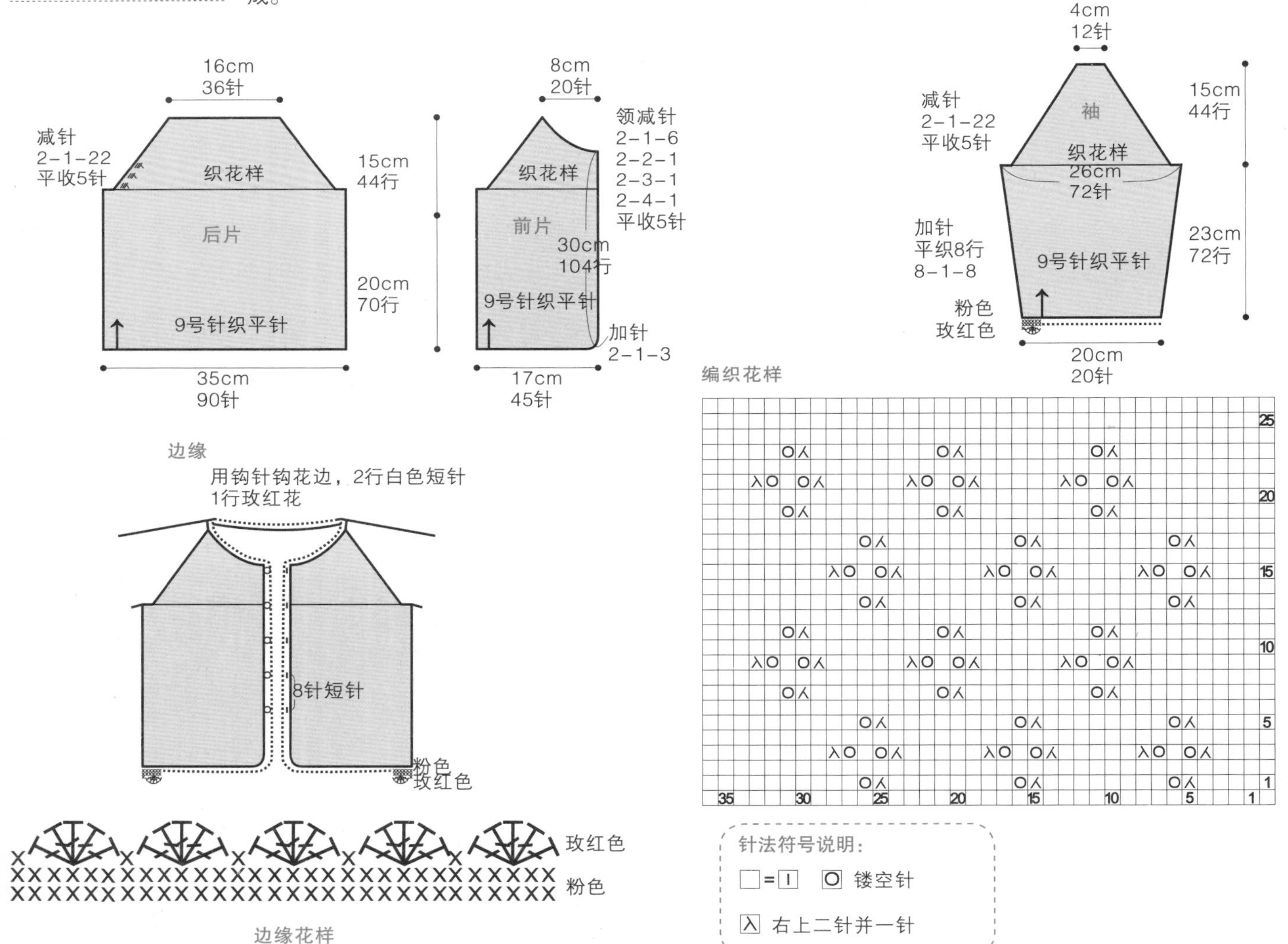

page 113

57 纯色圆角开衫毛衣

【成品尺寸】

胸围：66cm　衣长：38cm　袖长：28cm

【密度】26针×44行=10平方厘米

【工具】10号棒针，5号钩针

【材料】纯羊毛350g

【制作方法】

本款为圆角式开衫。

后片：起84针织桂花针92行后开挂肩，腋下平收4针，再依次减针，肩平收；领窝深1.5cm。

前片：对称织两片；起42针织桂花针，角依次加针形成圆角，开挂后织40行开始收领窝，先平收5针，再依次减针，至完成。

袖：从下往上织，起50针织桂花针，分别在两侧加针织出袖筒，袖山腋下平收4针，再依次减针，最后14针平收。

边缘：起6针织花样A388行，沿边缘缝合后，再钩一行逆短针。

领：沿领窝挑108针，织双罗纹28行，平收，完成。

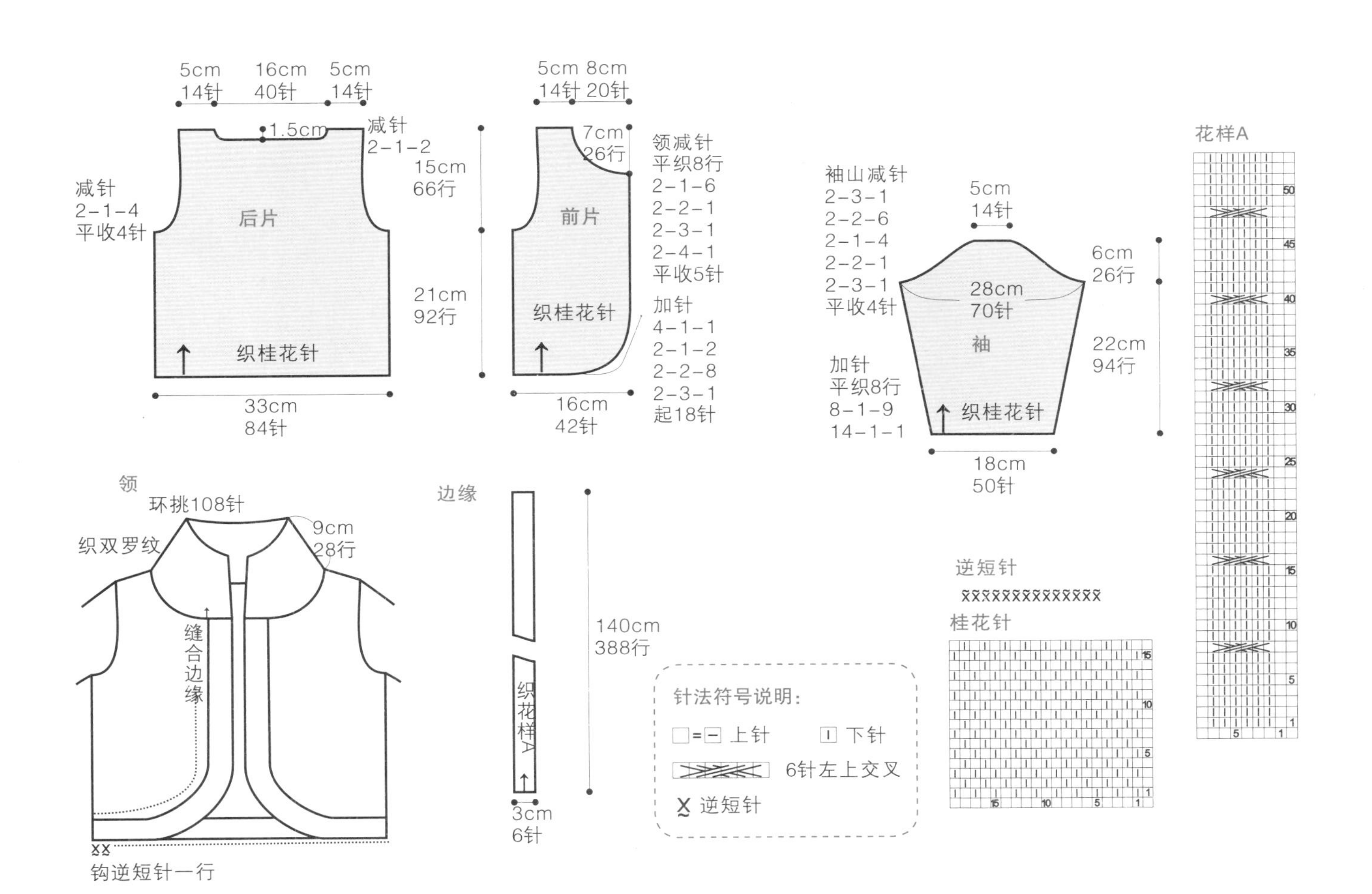

page 115

58 保暖高领套头衫

【成品尺寸】

胸围：68cm

衣长：36cm

袖长：34cm

【密度】30针×38行=10平方厘米

【工具】9号棒针，6号钩针

【材料】手编羊绒、羊毛线250g，烫钻一张

【制作方法】

后片：起102针织双罗纹20cm，开挂肩，腋下平收5针，再依次减针，挂肩高14cm，后领窝深1.5cm，肩平收。

前片：起102针织双罗纹，织法同后片；织110行后收领窝，领窝深6cm，中心平收14针，两侧各依次减针，肩平收。

袖：起54针织双罗纹，两侧按图示加针织袖筒，织23cm开始收袖山，腋下平收5针，再依次减针，最后18针平收。

领：沿领窝挑108针织双罗纹18cm平收，再沿钩边缘钩花样一组，完成。

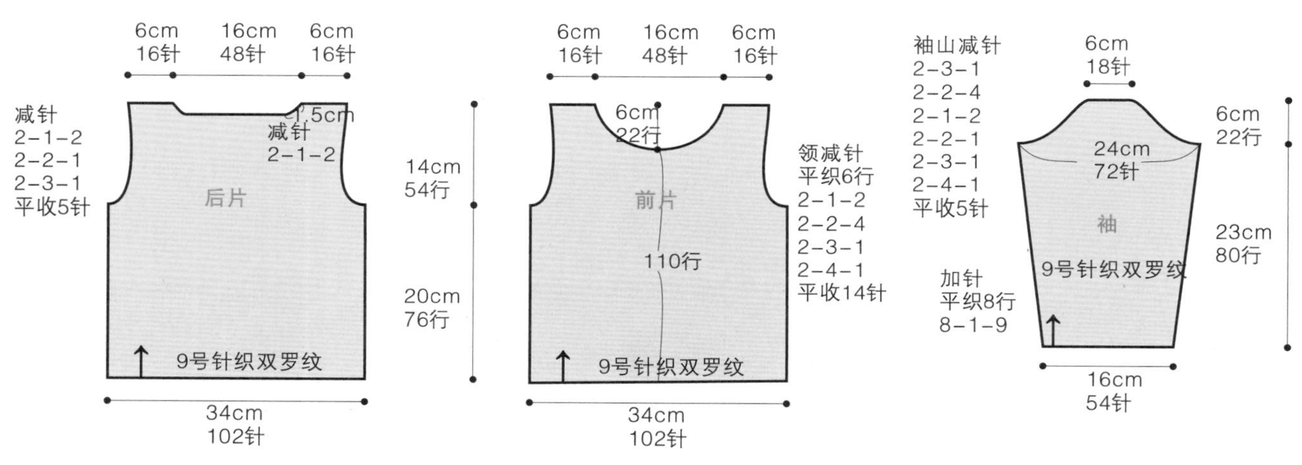

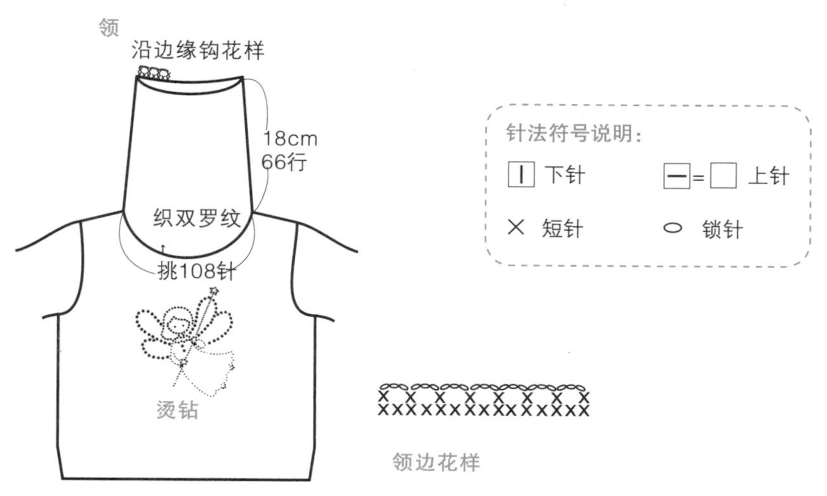

针法符号说明：

符号	说明	符号	说明
∣	下针	—= □	上针
×	短针	○	锁针

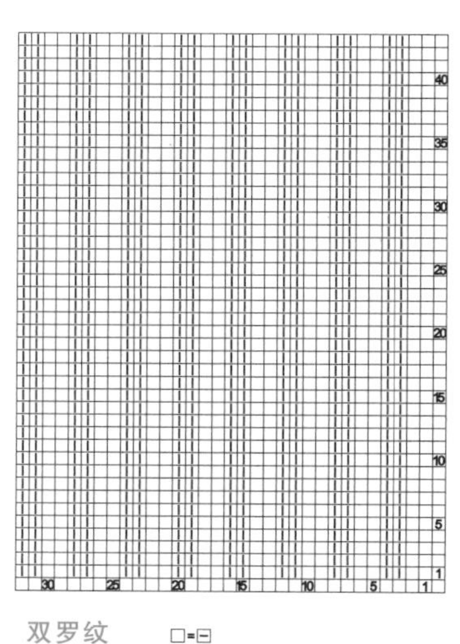

page 117

59 阳光桃红小开衫

【成品尺寸】

胸围：64cm　衣长：32cm　袖长：24cm

【密度】23针×29行=10平方厘米

【工具】9号棒针，7号钩针

【材料】纯羊毛280g，纽扣5粒

【制作方法】

后片：起108针织平针，在两侧均匀减针，减5针后平织8行开挂，开始织花样，在开挂的同时均收掉18针，腋下平收5针，平织13cm，后领窝深1.5cm，肩平收。

前片：起58针织平针，织法同后片，开挂后开始织花样，先均收掉11针，腋下平收5针，前领窝深7cm，中收平收6针，再依次减针，至完成，肩平收。缝合纽扣。

袖：从下往上织。起46针织双罗纹8行，上面织花样，均加7针织平袖，与身片缝合时直压在挂肩的直线上。

门襟：沿边缘挑80针织双罗纹8行，一侧开出5个扣洞。

下摆：沿边缘钩一排花样。

领：沿领窝挑110针织双罗纹34行，平收。

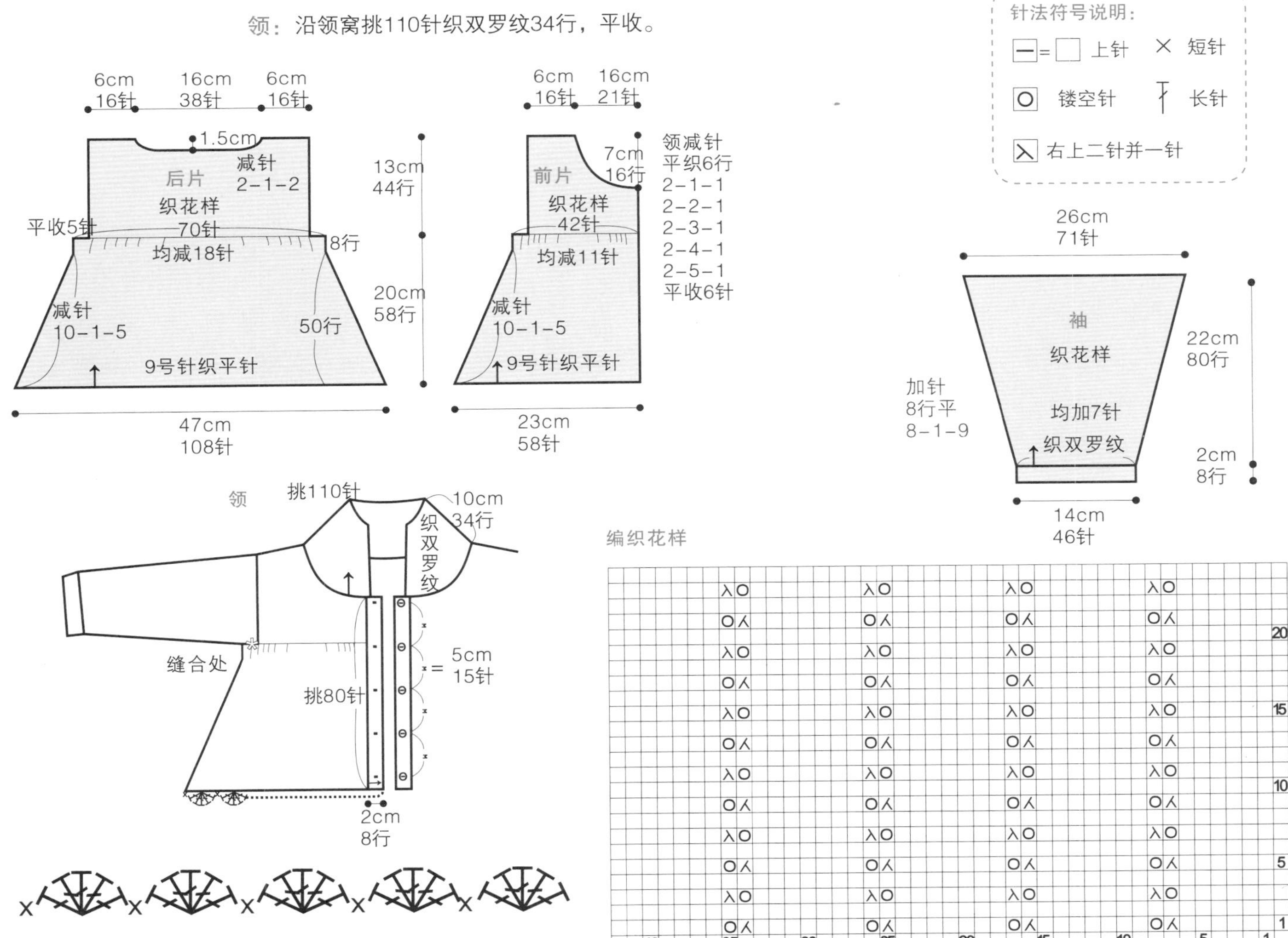

page 119

60 天使娃娃衫

【成品尺寸】

胸围：58cm　衣长：34cm　袖长：25cm

【密度】27针×34行=10平方厘米

【工具】9号棒针，2号钩针

【材料】九色鹿米兰系列+结子线250g，纽扣1枚

【制作方法】

后片：将两种线合股织。用9号针起100针织全平针8行，上面织平针，织60行后均减30针，再织一行上针；此时还有70针，织8行开挂肩，腋下平收6针，然后一直平织上去，织13cm,后领窝深1.5cm，肩平收。

前片：用9号针起100针织全平针8行，上面织全平针，织法同后片，减针后织19行从中心处分开各织左右片，再织19行时开始收领窝，先平收5针，再依次减针，至完成，肩平收。

袖：从下往上织。用9号针起54针织全平针8行，上面织平针，两侧依次加针，织23.5cm，平收。

收尾：缝合各部分，沿领口边缘钩一行逆短针，缝纽扣；沿下摆钩一行花样，完成。

针法符号说明：

- ㅡ 上针
- | = □ 下针
- ⊼ 逆短针
- ⋏ 左上二针并一针

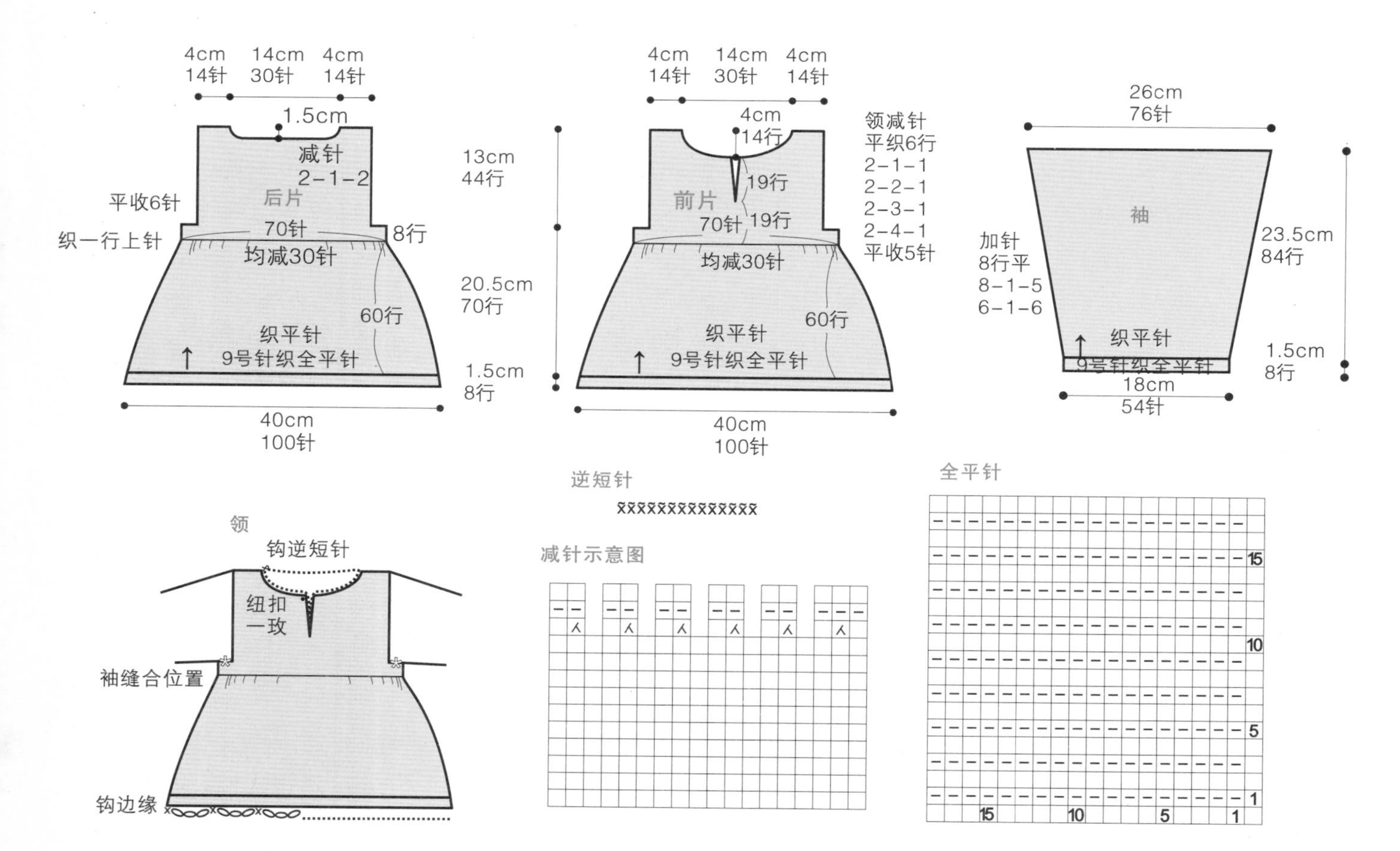

page 121

61 优雅公主裙

【成品尺寸】

胸围：66cm　衣长：52cm　袖长：40cm

【密度】26针×40行=10平方厘米

【工具】9号棒针，5号钩针

【材料】编格尔（PE-969）350g

【制作方法】

后片：用9号棒针起130针织平针，织84行后均收42针，此时还有88针，织8行开挂肩，腋下平收5针，留3针为径，每4行减2针减13次，最后26针平收。

前片：用9号棒针起130针织平针，织法同后片。前片法克兰径收11次，领口依次减针形成领窝。

袖：用9号棒针起56针织平针，两侧依次加针织袖筒，织23cm开始收袖山，同后片；最后16针平收。

领：挑织平针10行，翻转过来从里层缝合。

下摆：用5号钩针沿边缘钩花样，完成。

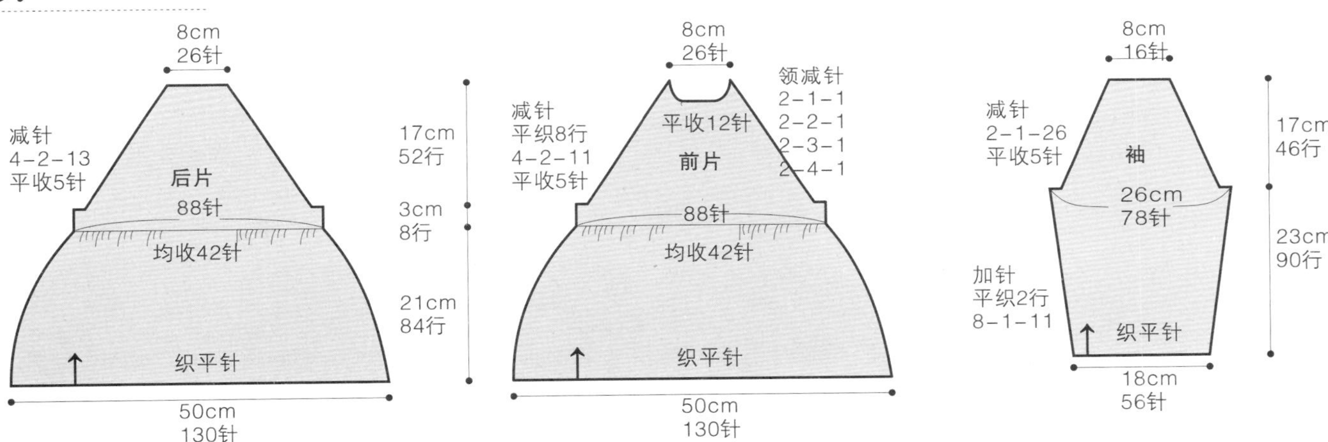

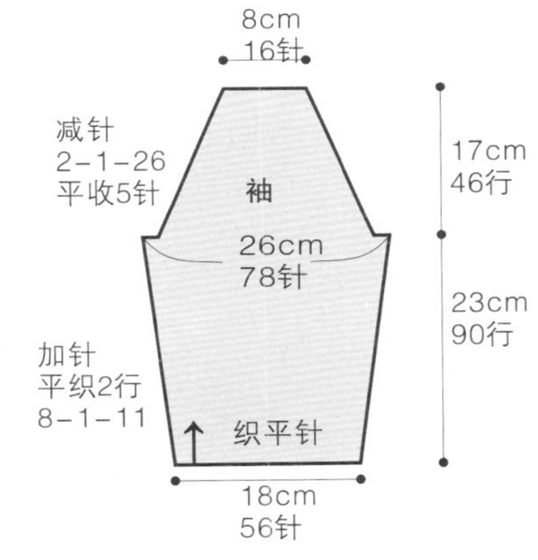

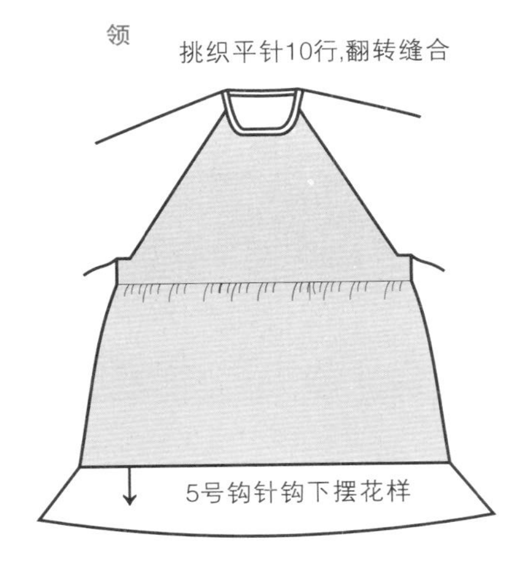

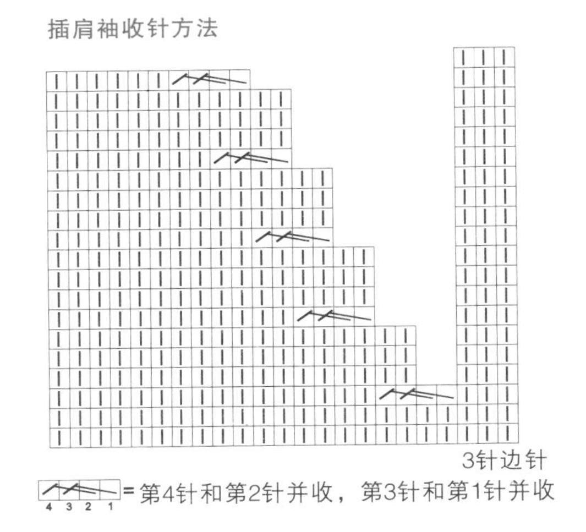

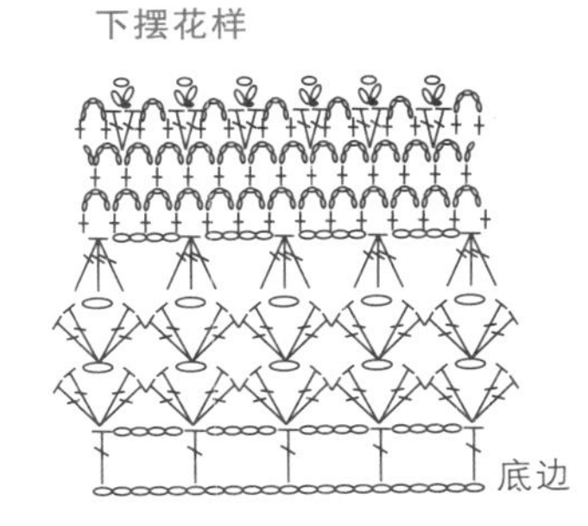

page 123

62 靓丽花边裙

【成品尺寸】

胸围：64cm　衣长：44cm　袖长：40cm

【制作方法】

平针部分均用玫红和白色合股织。

后片（前片）：用白色线起129针，按图织花样，花样完成后再织10行平针，暂停待用。另用玫红色线起129针按图织花样，花样完成后再织2行平针，将已经织好的白色放在下面合并。上面用玫红和白色线合股织平针，分别将针数成32、65、32三部分，在中间65针的两边减针，各减13次，平织6行开挂肩。前片织法同后片。

袖：用玫红和白色合股线起72针织花样，花样完成后在花样中间用3针并1针的方式收掉12针，上面按图示织。

领：用钩针先钩一行短针，再钩一行逆短针，完成。

【密度】30针×38行=10平方厘米

【工具】11号棒针，4号钩针

【材料】纯羊毛250g

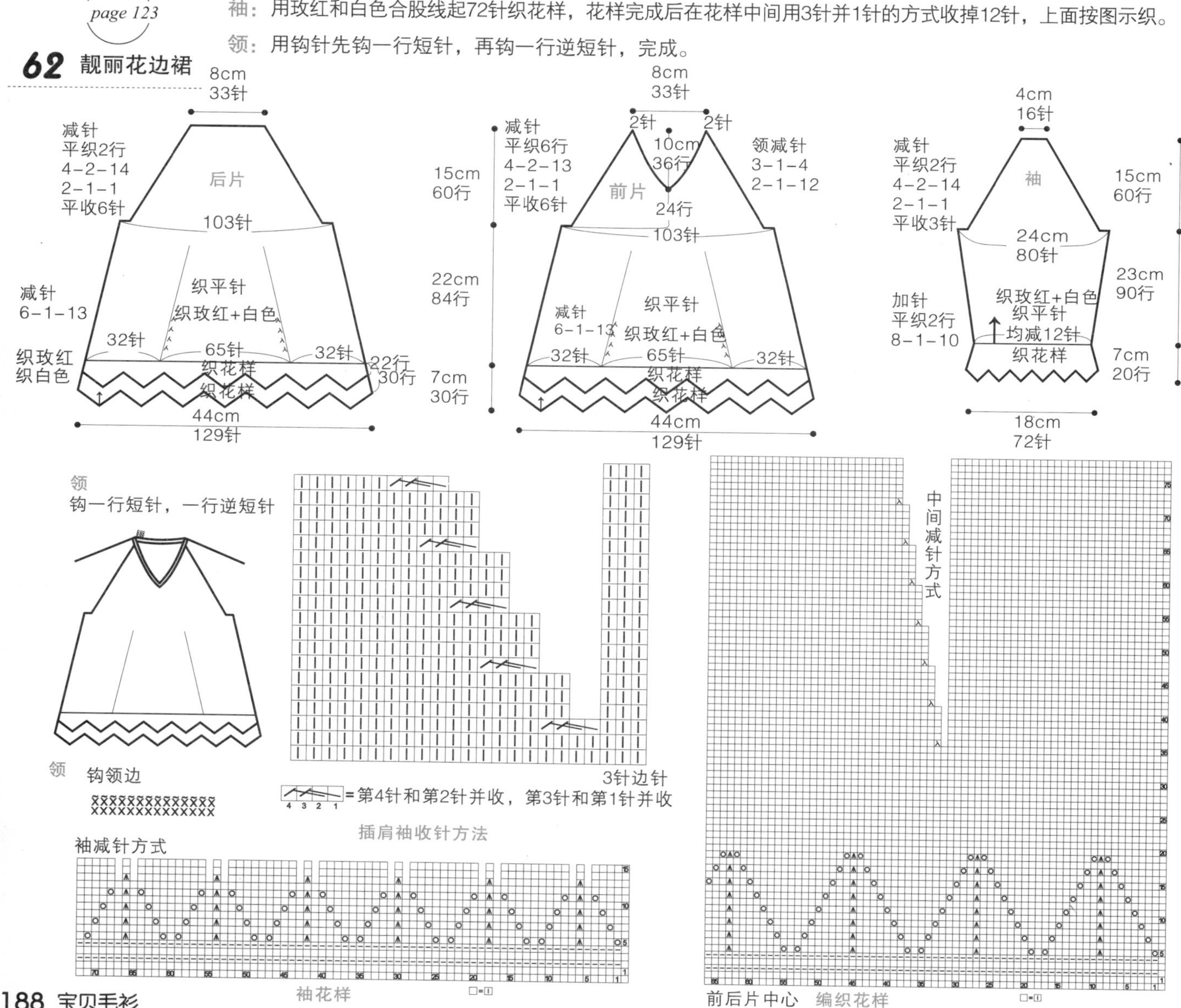

page 125

63 小熊帽外套

【成品尺寸】

胸围：68cm　衣长：36cm　袖长：36cm

【密度】25针×38行=10平方厘米

【工具】10号棒针一副，10号环针一副，2.75mm钩针一枚

【材料】纯羊毛绿色、白色棉线共360g，红色线少许，黑色圆形纽扣5粒、装饰扣2粒

【制作方法】

衣服由2片前片、1片后片、2片袖片和帽子构成。配色见图。

后片：下针起针法，白色线起88针，花样A编织3cm，前后4行为白色；下针织17cm后，两边各留6针并按后袖笼减针方法减针，织14cm后收针。

前片(2片)：下针起针法，起针为44针，配色与织法类似后片；织17cm下针后1侧留6针，往上1侧按前袖笼减针方法减针，织10cm后开前领，减针方法见图。织3cm后收针。对称织出另一片。

袖片(2片)：下针起针法，起42针，织3cm花样A，织法与配色同后片；织3cm后下针编织并加针，加针方法：2-1-18(每2针加1针加18次)，加至60针。往上为4行绿4行白交替编织，两侧同时按袖下加针加7针，织17cm后两边各留6针，开始织袖山，袖山减针方法如图，织16cm后收针。相同方法织另一片。袖片织完后，将后片与2片前片肩部、腋下缝合；袖片袖下缝合，袖片与身片相缝合。

帽子：依帽子平面图，在前片、袖片、后片共挑84针，绿色线下针织20cm后两侧30针收掉，中间24针用白色线编织，织10cm后收针。并按图a与b处缝合，另一侧相同。

口袋(2片)：参照口袋图，下针起针法起24针，织30行花样B后收针，边缘钩1行逆短针，并缝合在前片合适位置，可参考左前片灰色块，两边为对称。

耳朵(2只)：1只为2片编织，1片为绿色，1片为白色，2片按耳朵图编织完后，正反缝合，并翻至正面，缝合在相应位置，位置看帽子平面图。依相同方法织另一只并缝合。

门襟、领：参照门襟、领边缘图及说明，在一侧门襟开扣眼，另一侧门襟织好后缝钮扣。

收尾：缝上5粒圆形纽扣、并在帽子白色块处缝上2粒装饰扣，用红色线缝出嘴唇。

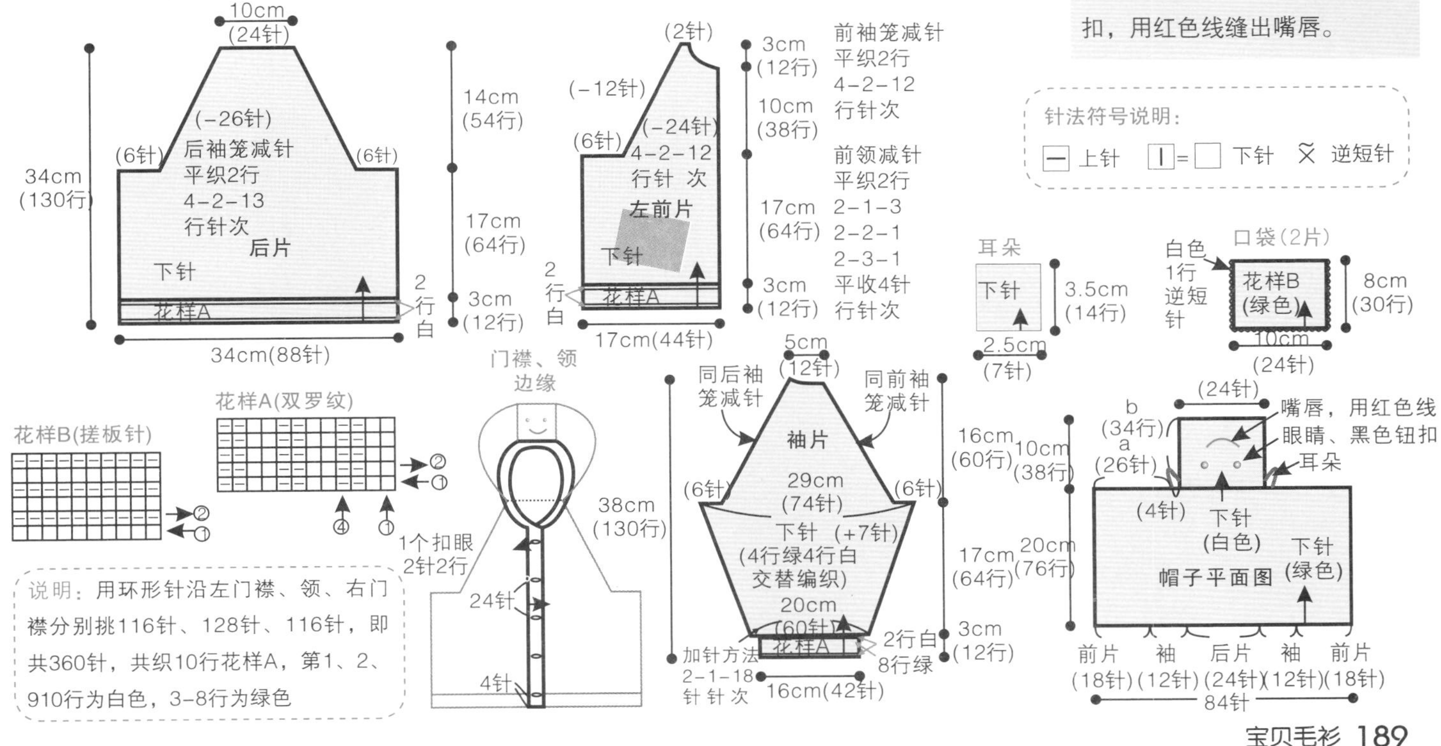

page 126

64 插肩袖套装

【成品尺寸】

胸围：60cm 衣长：30cm 袖长：26cm

裤长：33cm 腰围：48cm

【密度】30针×38行=10平方厘米

【工具】10号棒针，4号钩针

【材料】纯羊毛、弹力羊绒共280g，纽扣3粒

【制作方法】

上衣后片：起185针织4行全平针边缘，上面织花样9组，然后全部织平针。织6行平针后开挂，分片织前后各片。腋下平收10针，再分别按图示减针，后片收至27针平收；前片织30行后收领窝，平收6针，再依次减针完成。

袖：起58针织4行全平针，上面织平针，两侧依次加针织袖筒13cm，腋下平收5针，再依次减针，最后14针平收。

收尾：缝合各片，沿边缘钩逆短针一行。

裤：起73针先织4行全平针，然后织花样40行，上面织平针，织10行平针后一侧沿边缘加6针，另一侧在边缘织全平针做内档边，织62行暂停，如此织另一条裤腿。合并前片内档边，后档又织12行合并，圈织12行织腰，腰织8行织狗牙花样，再织8行穿转缝合，完成。

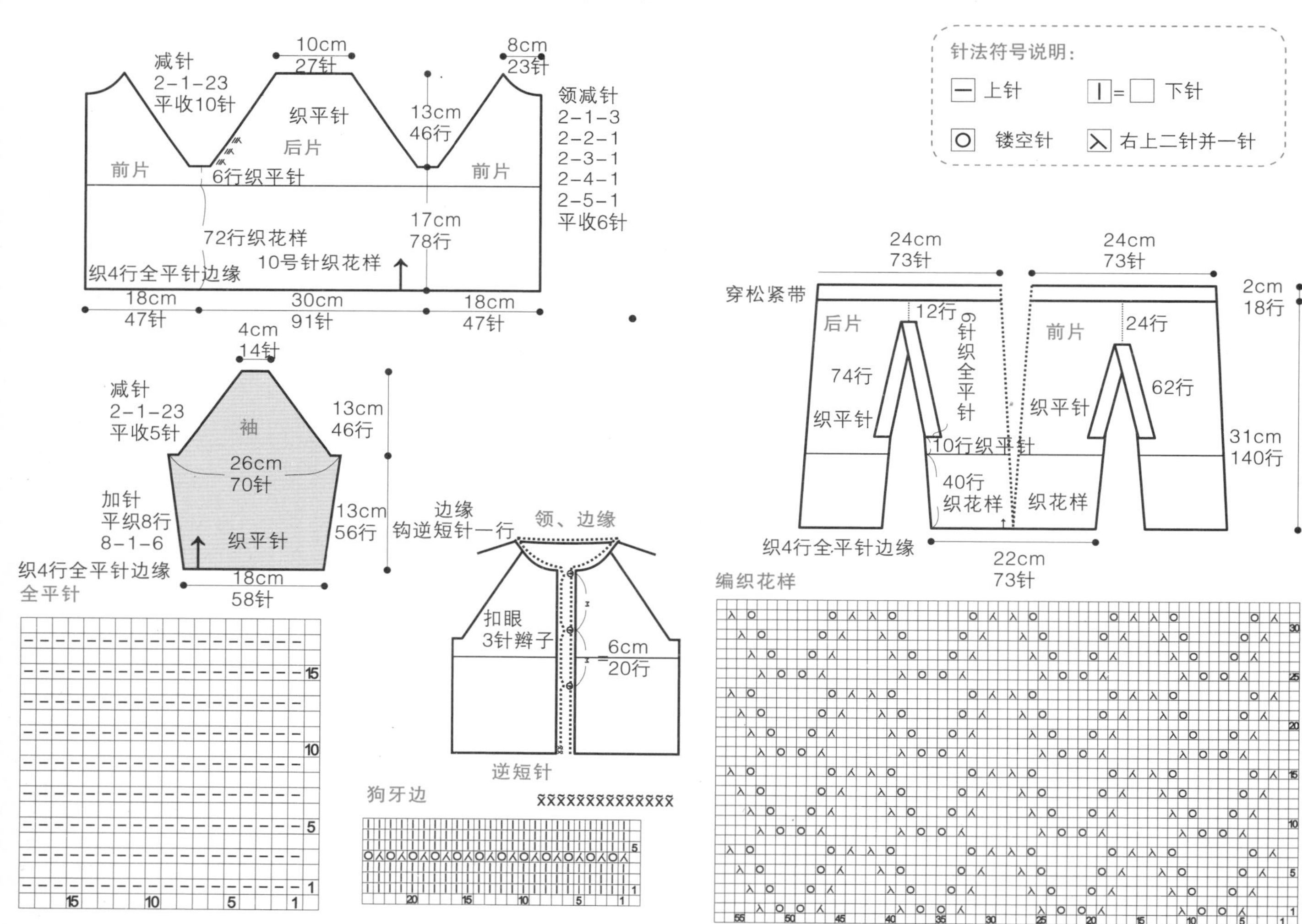

手工编织符号

棒针篇

下针 |

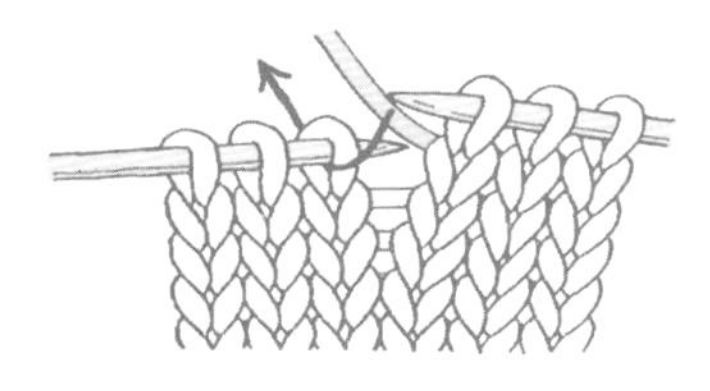

1. 线放在后面，右手棒针依箭头方向由前侧向后穿入针孔内。(右棒针在左棒针下)

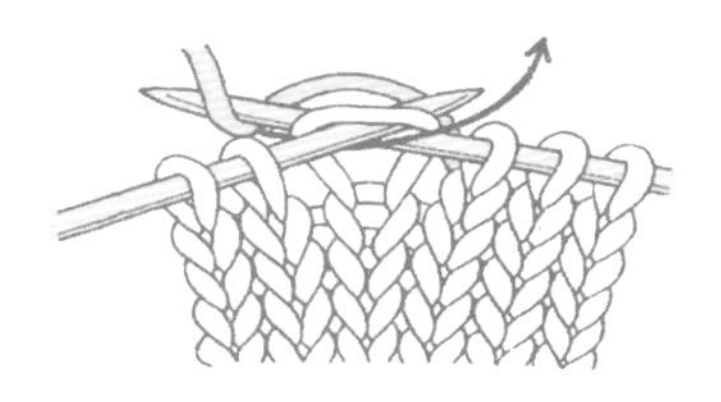

2. 挂线后，右棒针将线由后往前引出。

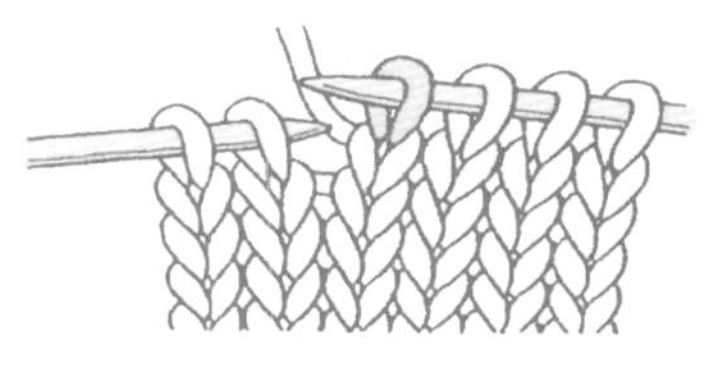

3. 完成一个下针。

上针 —

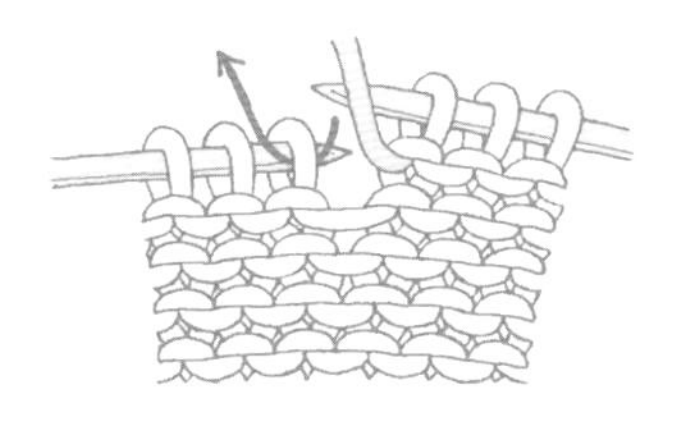

1. 线放在前侧，右手棒针依箭头方向由针孔另一侧穿入。(右棒针在左棒针上)

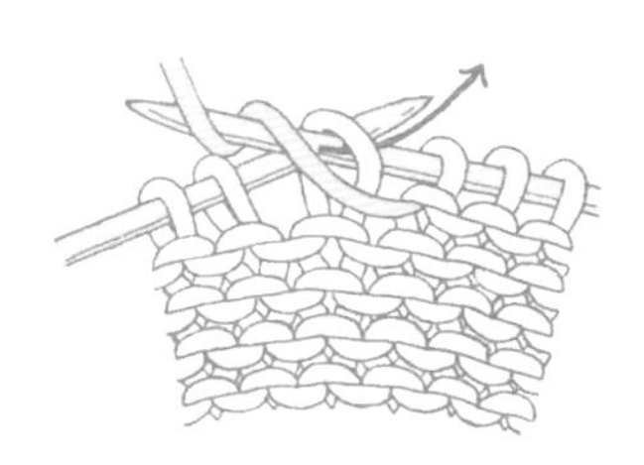

2. 如图挂线，右棒针将线依箭头方向引出。

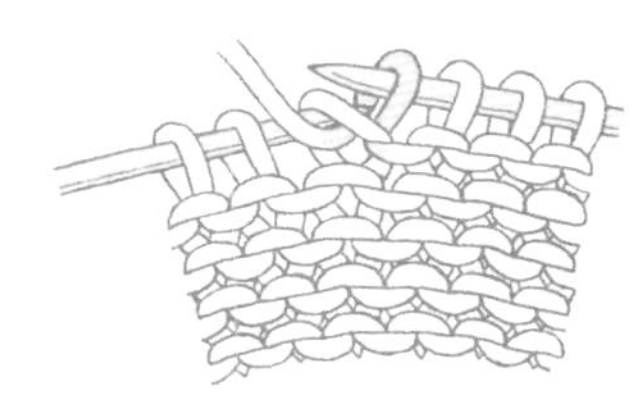

3. 完成一个上针。

中上三针并一针 木

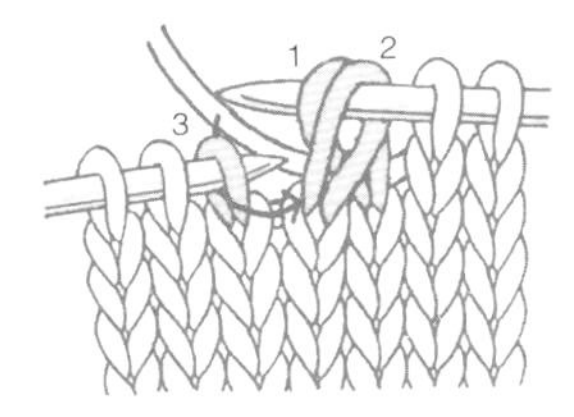

1. 由2、1方向一起滑开不织，先织第3针。

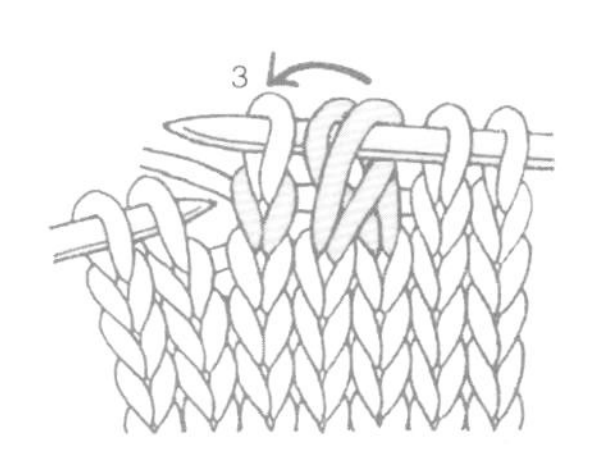

2. 再将移开不织的两针，套入已织的上面。

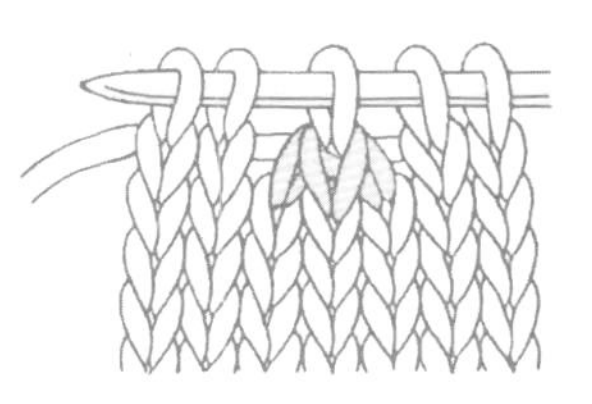

3. 中上三针并一针完成，3针重叠，中间针在最上面。

左上二针并一针 ⼈

1. 如箭头方向，由两针的左侧将棒针一起穿入，编织下针。

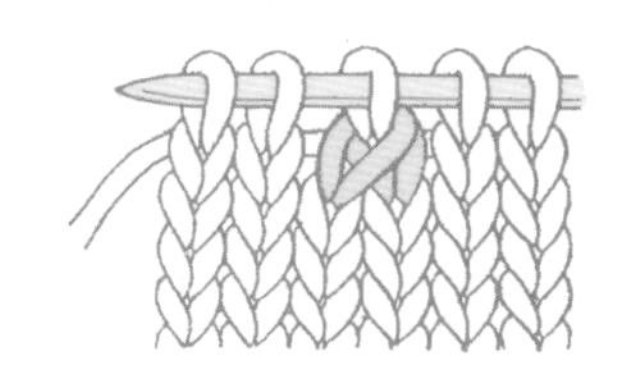

2. 左上二针并一针完成，左边针会重叠在右边针上的下针。

右上二针并一针 ⼊

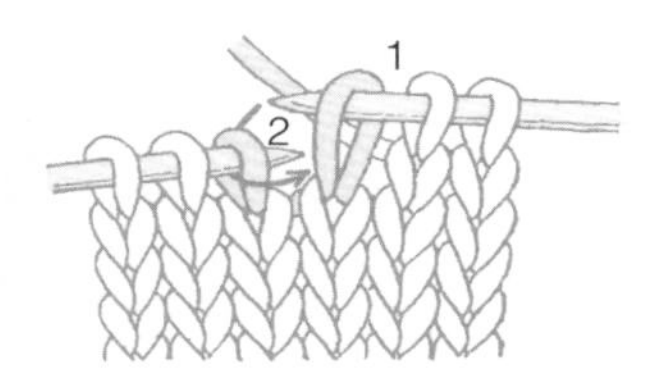

1. 右边针(第1针)先滑开不织，移至右针上，接着左边针(第2针)织下针。

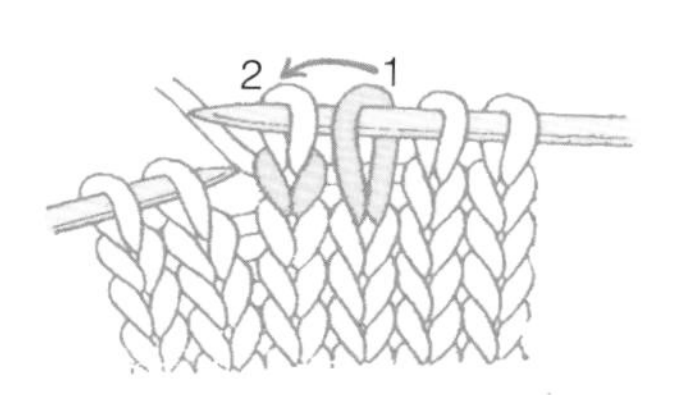

2. 移至右手棒针上的针(第1针)套收在右边的针(新第2针)上。

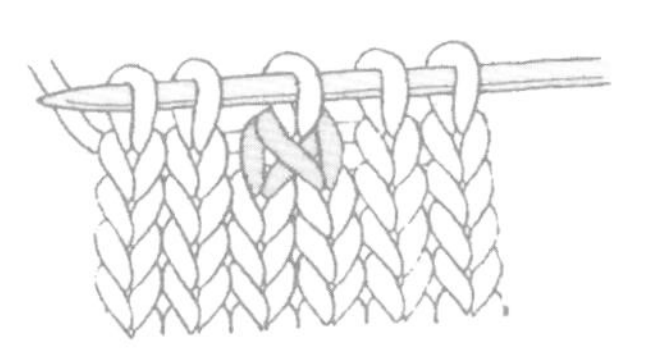

3. 右上二针并一针完成，右边针会重叠在左边针上。

引下针(二行)

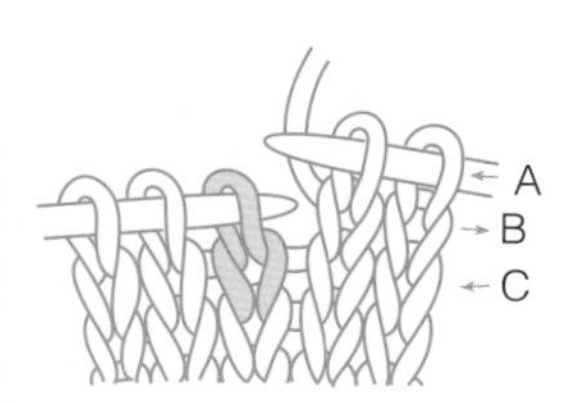

1. 右棒针往未织的A行处针孔插入。

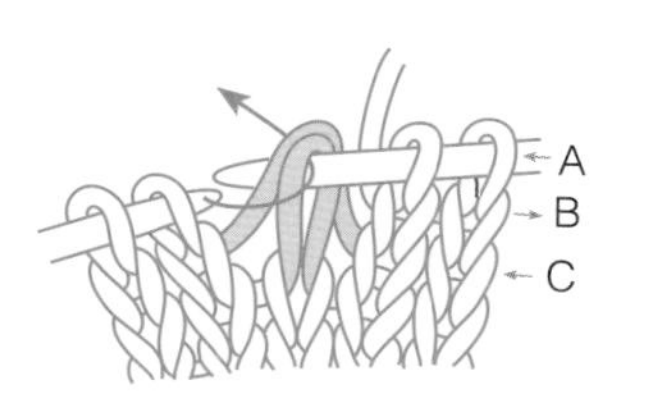

2. 松开，使B行的同1针松落在一起。左棒针再依箭头方向插入。

3. 右棒针如箭头方向织出1针(两线一起织下针)。

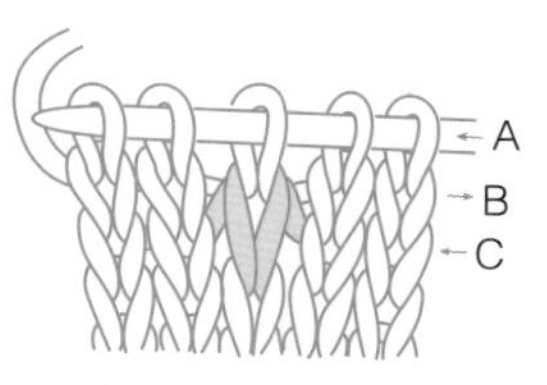

4. 如图已将原A行的针引上来(在A、B行上成1针)，完成两行引下针花样。

左上二针交叉针

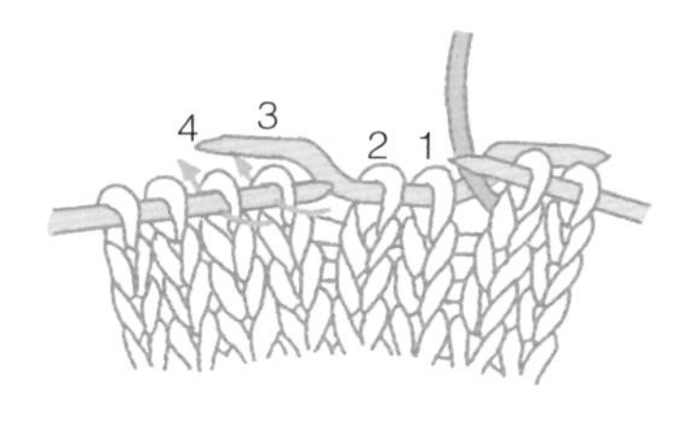

1. 将第1、2针用麻花针套入，放在织片后面。

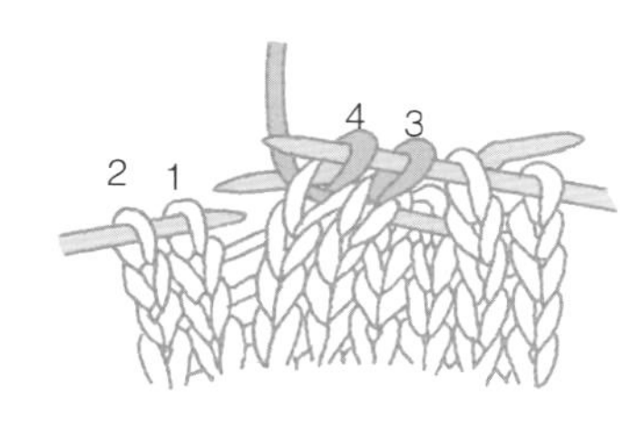

3. 右棒针直接去织第3、4针。

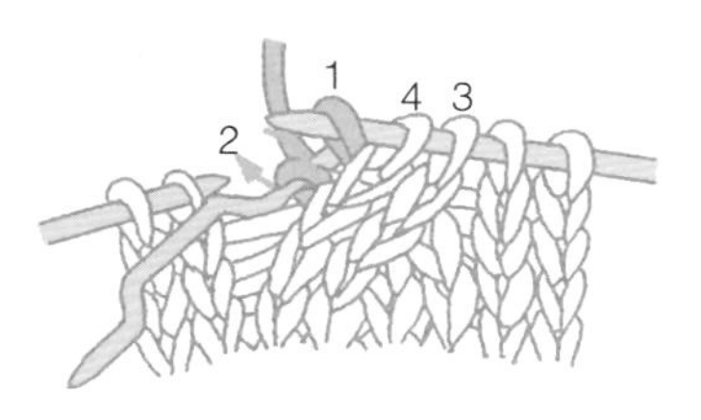

2. 接着再织麻花针上的1、2针，退出麻花针。

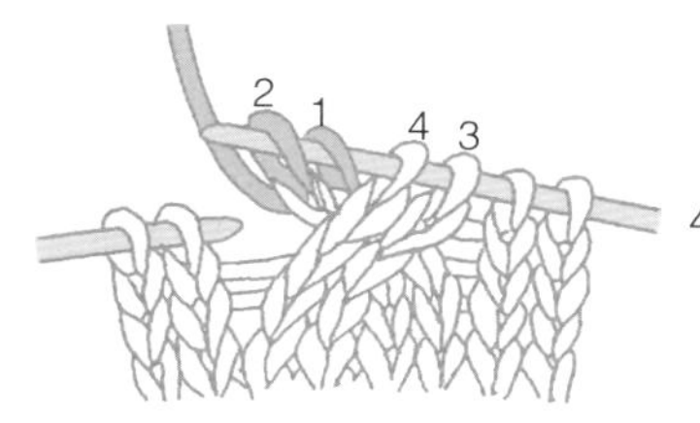

4. 完成“左上二针交叉针”。

右上二针交叉针

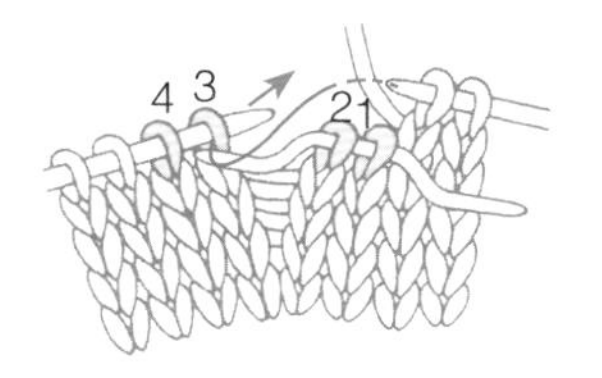

1. 将第1、2针先以麻花针套入，放在织片前面。

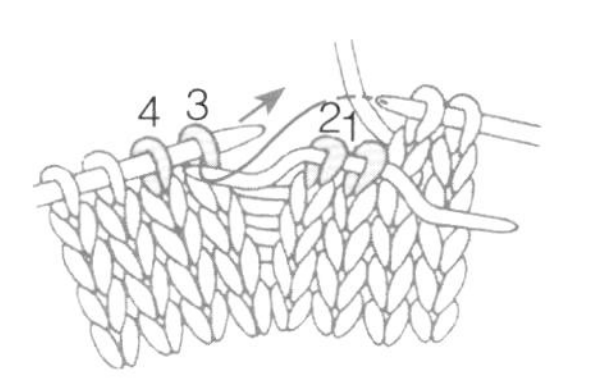

2. 右棒针直接去织3、4针。

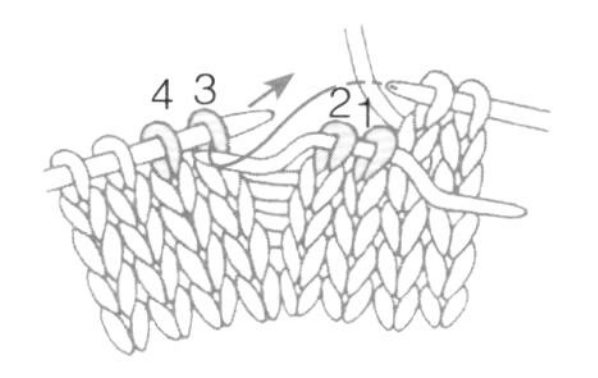

3. 接着再织麻花针上的1、2针，退出麻花针。

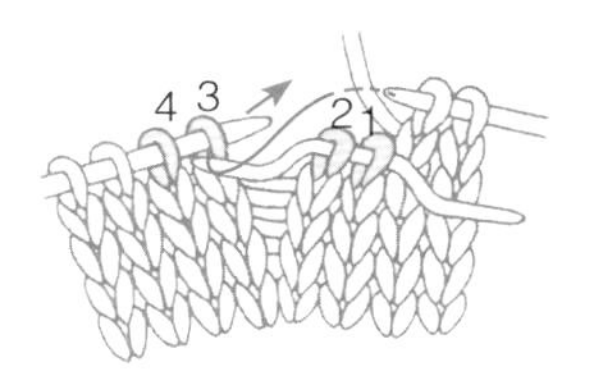

4. 完成一个“右上二针交叉针”。

右上三针交叉针

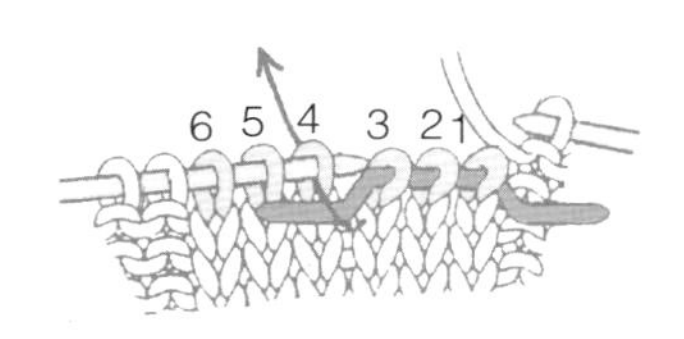

1. 将第1、2、3针先用麻花针钩住，放前面休针。

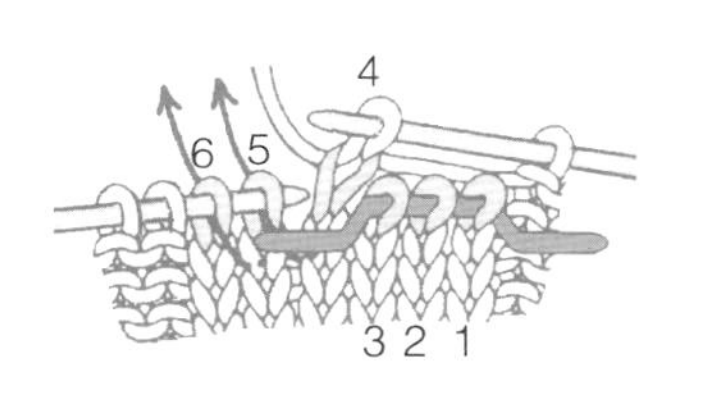

2. 先织第4、5、6针。

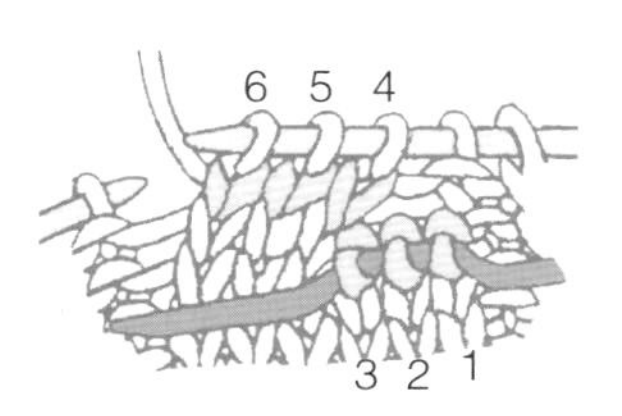

3. 第4、5、6针编织完成。

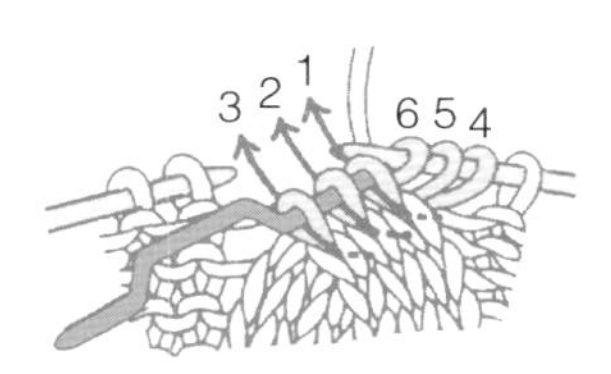

4. 再织第1、2、3针即完成。

右上一针交叉针

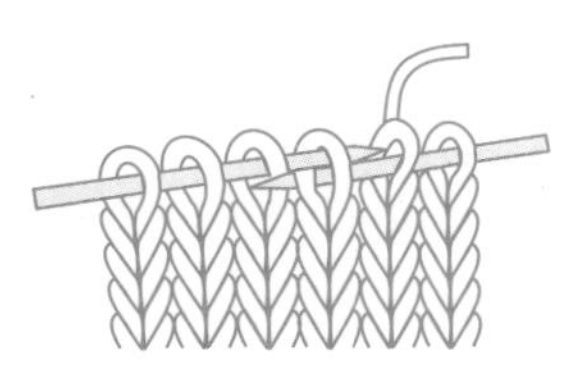

1. 将右手棒针从左手棒针第一针的背后插入第二针。

2. 拉出第二针，织下针。

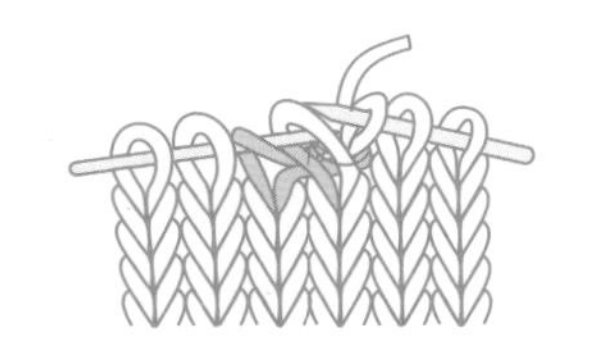

3. 再折回织第一针。

4. 两针织完后，同时放下左手棒针的两个线套。

左上一针交叉针

1. 将右手棒针从正面绕过左手棒针的第一针。

2. 将第二针织下针。

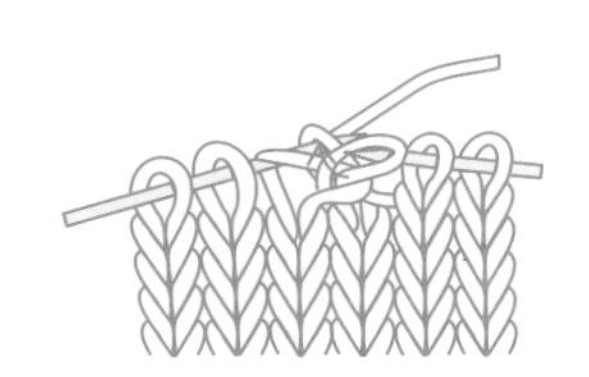

3. 再将第一针织下针。

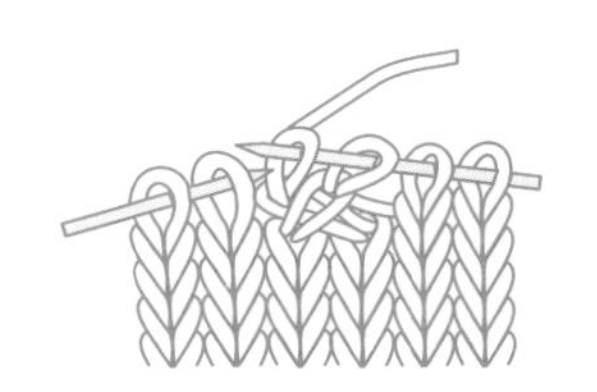

4. 织好后，同时将两针放下。

扭针

1. 右手棒针插入下一针套的外侧。

2. 用织下针的方法编织。

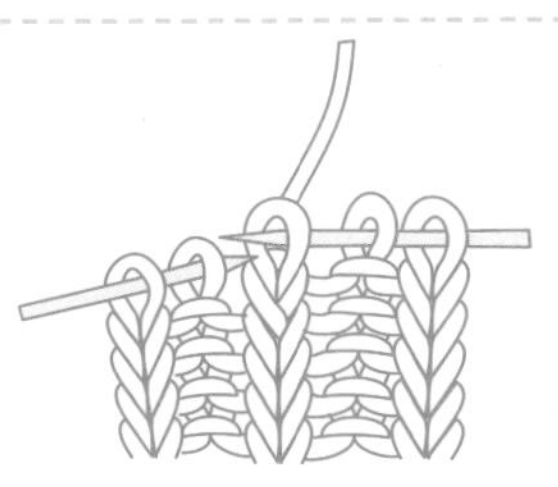

3. 完成。

镂空针

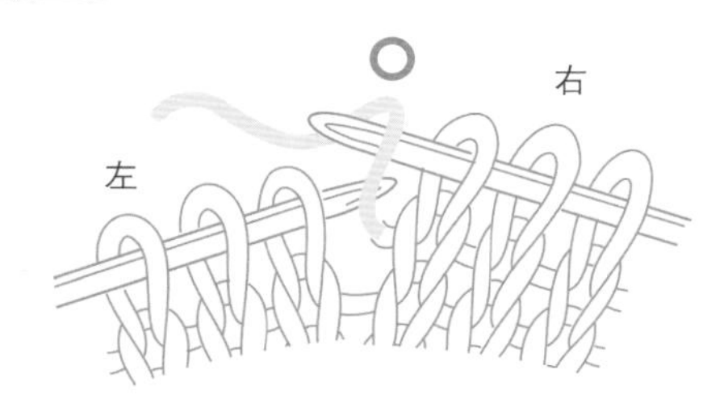

1. 将右边棒针毛线直接绕线(不织)。

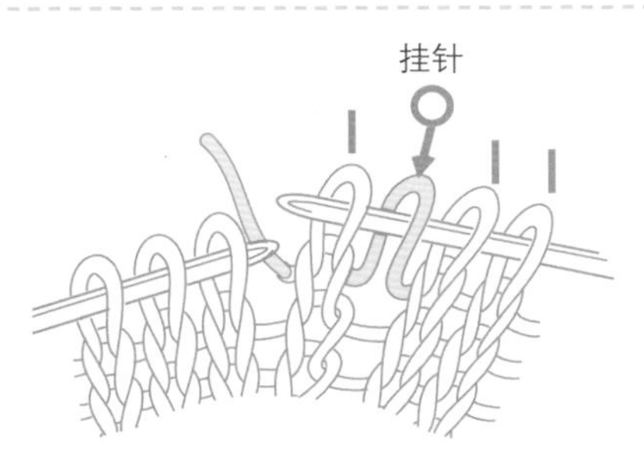

2. 挂(空)针后，接下来的针眼织下针。

右加针 ⼁/

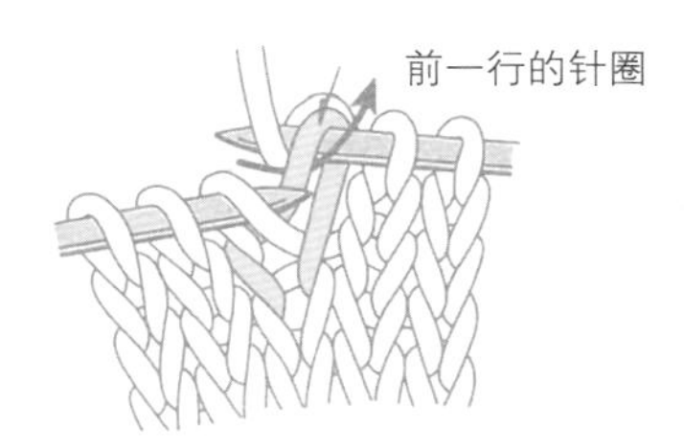

1. 在织左棒针第1针前，先用右棒针从这一针前1行的针圈中织1针下针。

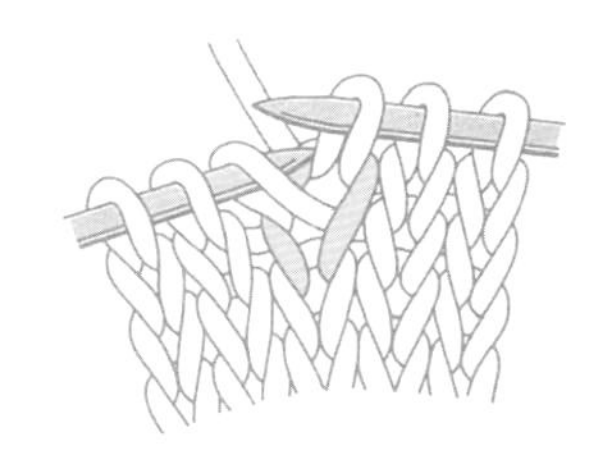

2. 左棒针上的1针也织下针。

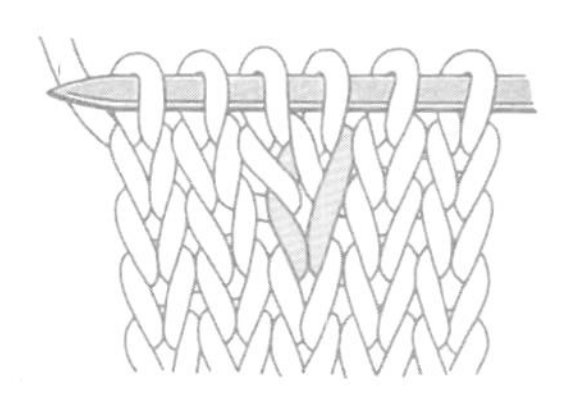

3. 右加针完成。

左加针

1. 在织完1针下针后，用左针从这针前1行的针圈中挑一针。

2. 然后再织下针。

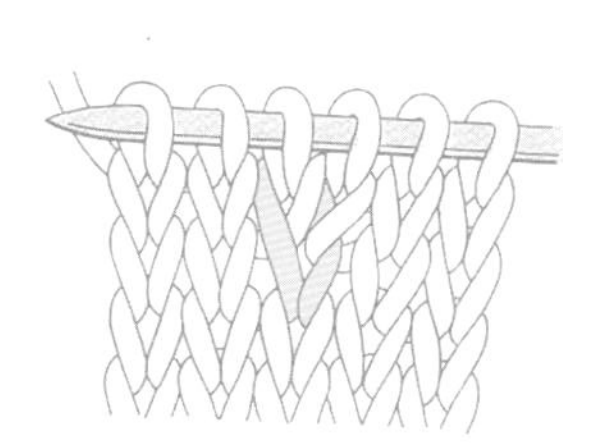

3. 左加针完成。

穿右针

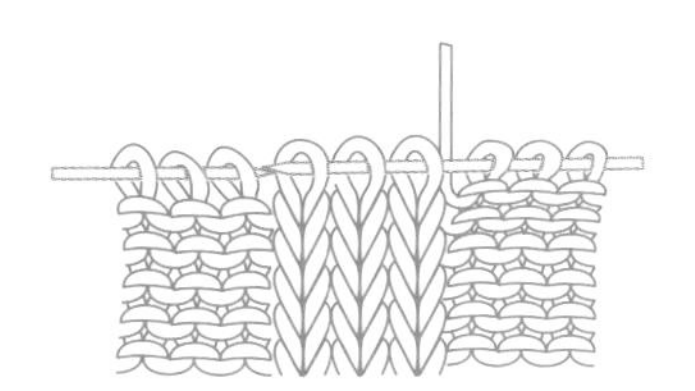

1. 用右手棒针拨下三针。

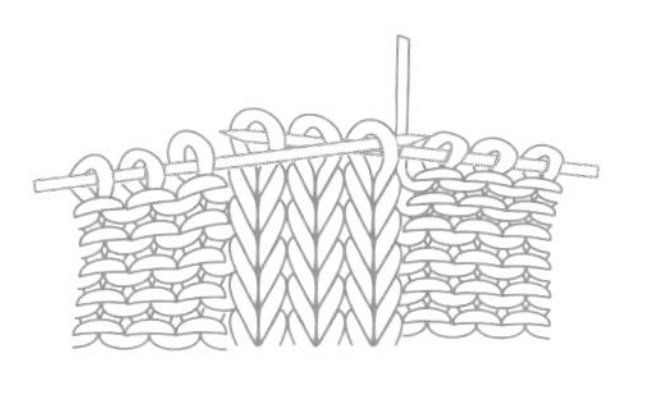

2. 用左手棒针插入第1针，拨下压住第2、3针。

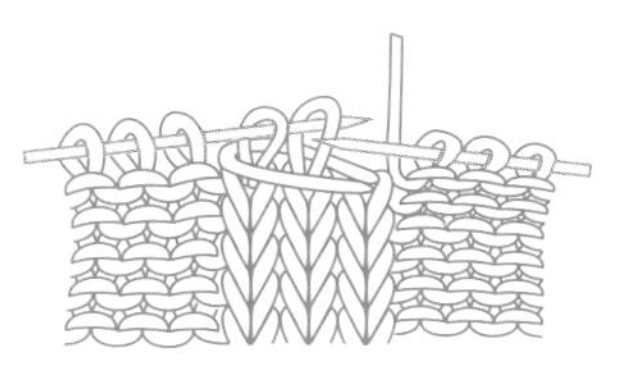

3. 在这两针上织下针，空心加针下针。

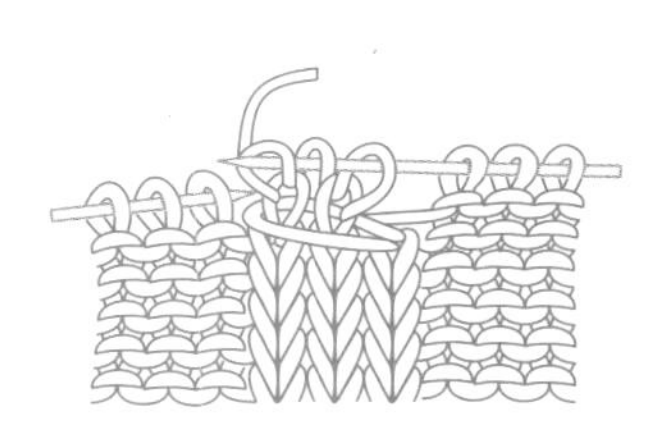

4. 完成。

两针下针和一针上针的右上交叉

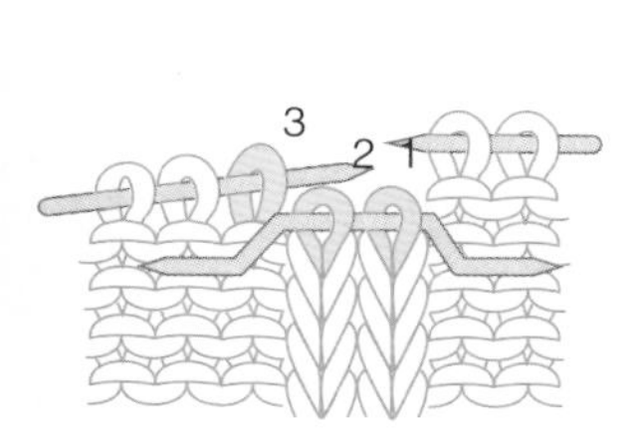

1. 用辅助针分别将第1、第2针挑下，按箭头方向从第1、第2针的背面先编织第3针。

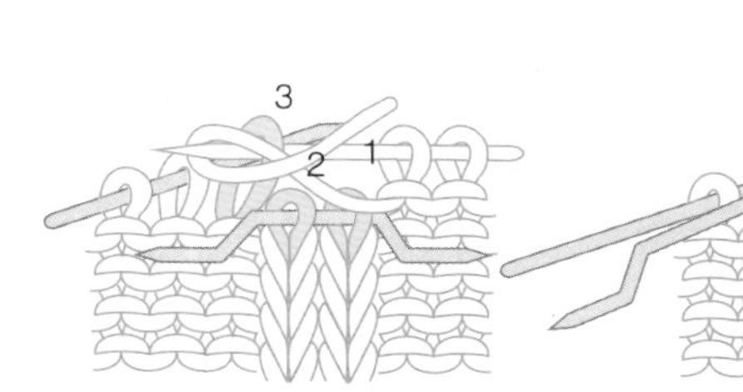

2. 第3针编织上针后将第3针从背面拿过。

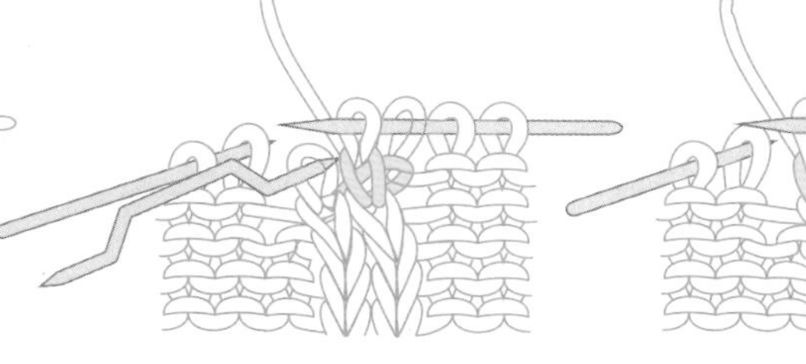

3. 将第1、第2针从织片前面拉过，编织下针。

4. 完成。

扭针和上针右上交叉

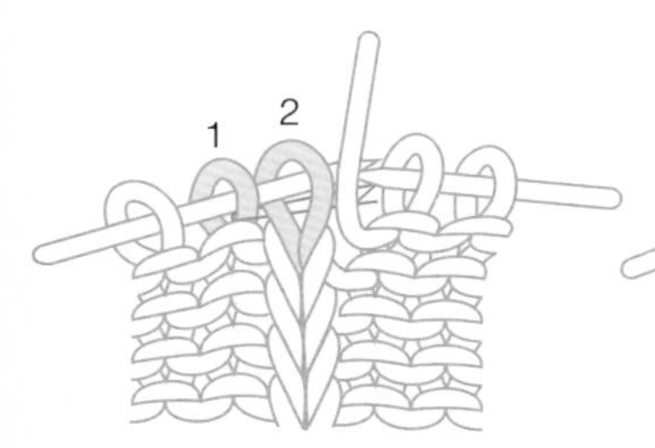

1. 按箭头方向从第一针的背面挑起第二针。

2. 第二针拉过来后按上针的编织方法编织。

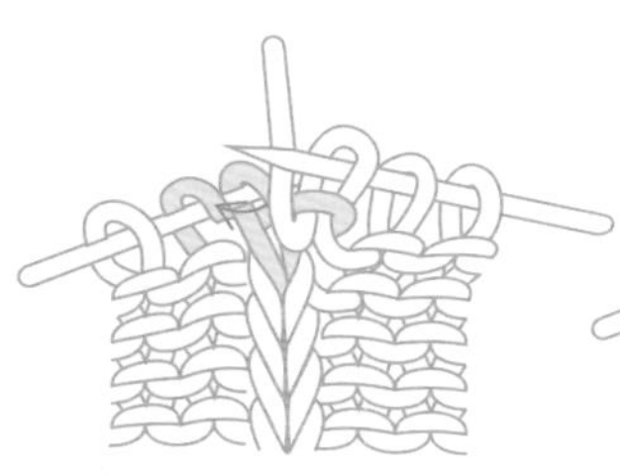

3. 再按箭头的方向织第一针。

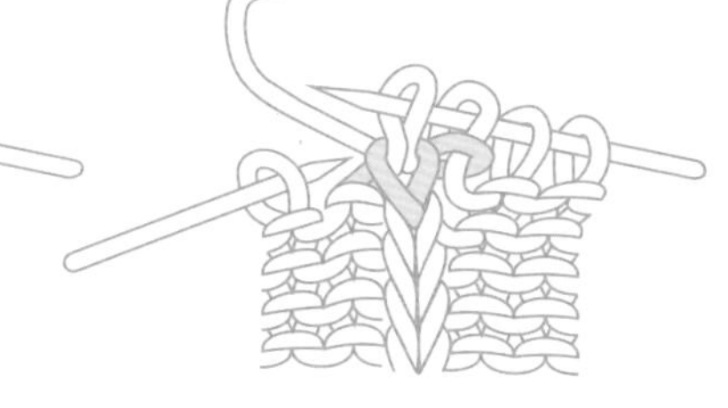

4. 退下左手棒针，完成。

一针下针和一针下针的右上交叉(中间两针上针在下边)

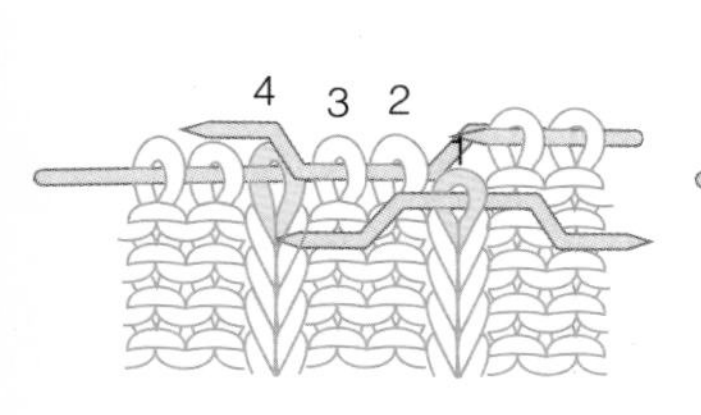

1. 用辅助针分别挑下，第1针和第2、第3针。

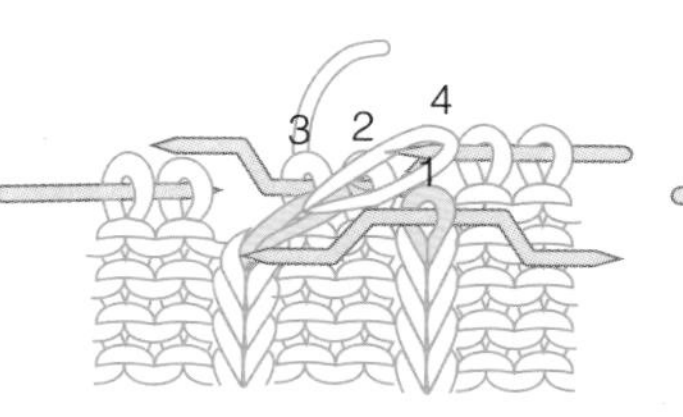

2. 将第2、第3针放在后面，第4针按下针编织。

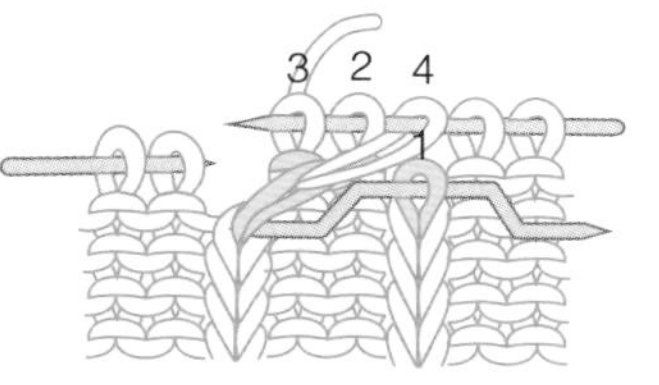

3. 再织第2、第3两针，用上针方法编织。

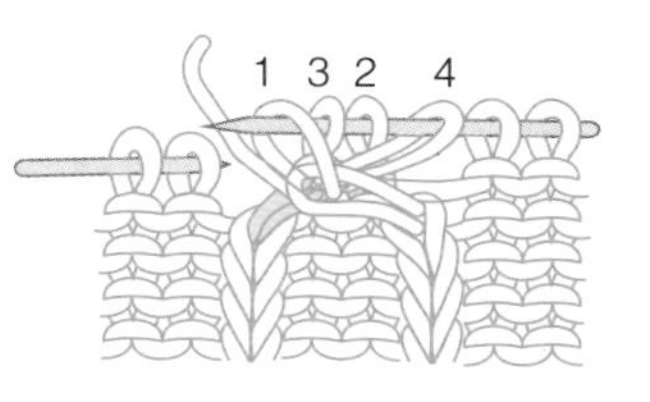

4. 将第1针从织片前面拿过，按下针方法编织，完成。

钩针篇

锁针

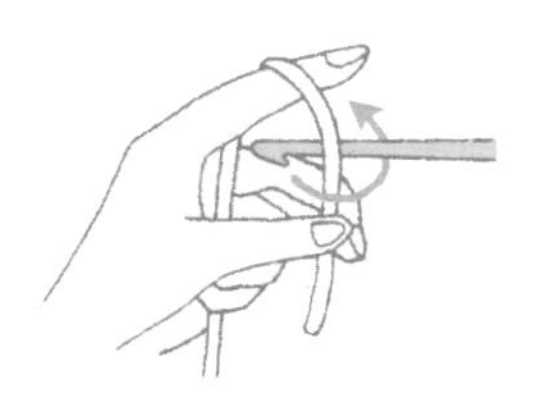

1. 如图逆向转一圈。

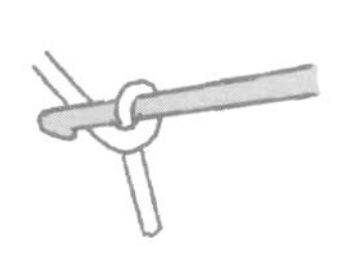

2. 挂线。

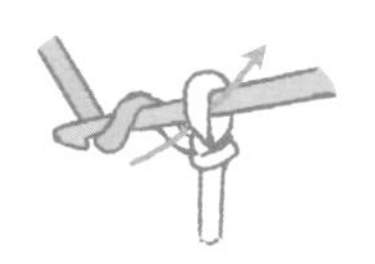

3. 挂线引拔出起针，此针不算一针。

4. 开始钩出指定针数。

5. 钩出5针锁针。

引拔针

1

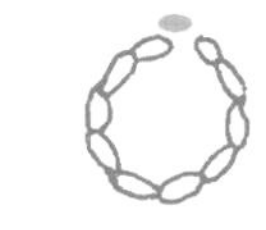

2. 插入必要位置，挂线后直接拉出，此为引拔(不一定是圆形)。

短针 ×

※立针不算一针。

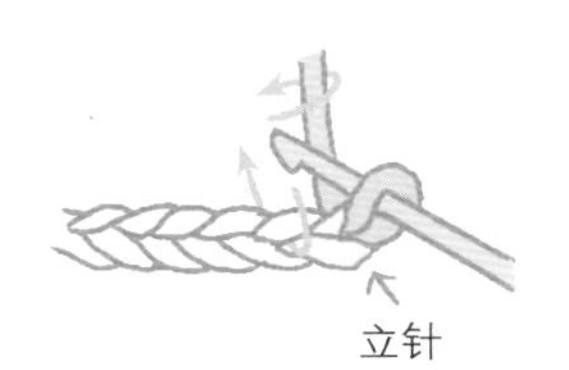

1. 先钩指定的锁针针数，再钩一针为立针(高度)。

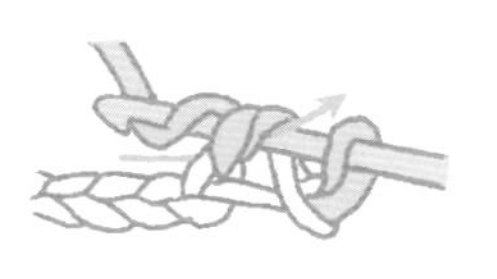

2. 挂线钩出。

3. 挂线钩出。

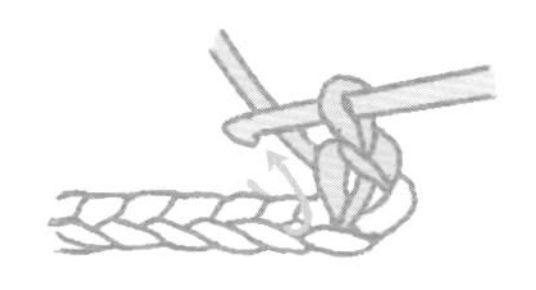

4. 一针短针完成。

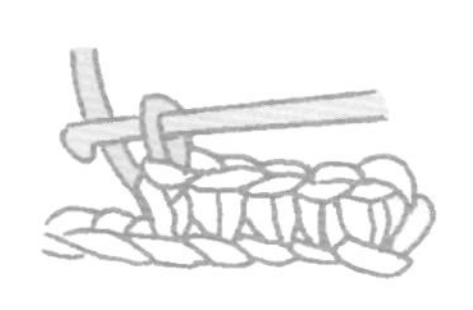

5. 钩出需要的短针数。

长针

※长针的立针为3锁针。

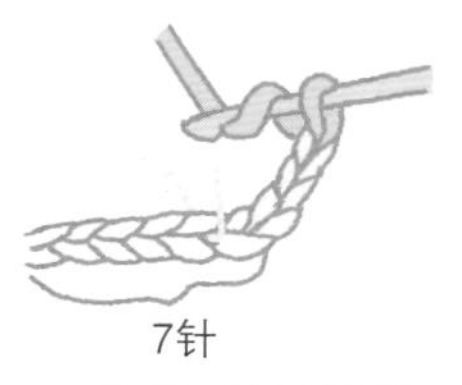

1. 从第2针开始插入针。

2. 挂线引出，两线引拔一次。

3. 再两线引拔一次。

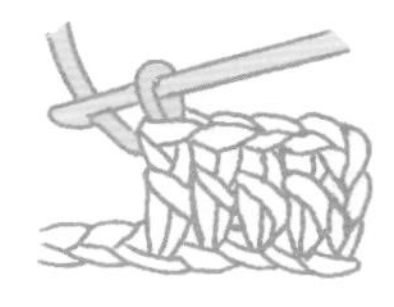

4. 长针完成。

长长针

1.

2. 绕线，钩出两个环。

3. 绕线，再钩出两个环。

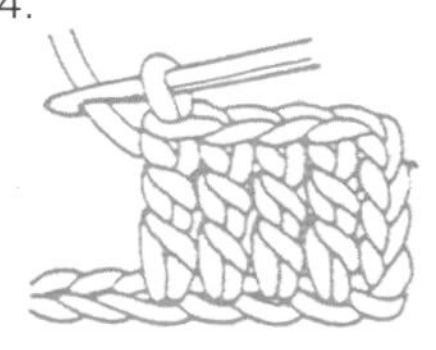

4. 完成图。

★编织针高度与锁针针数对照图

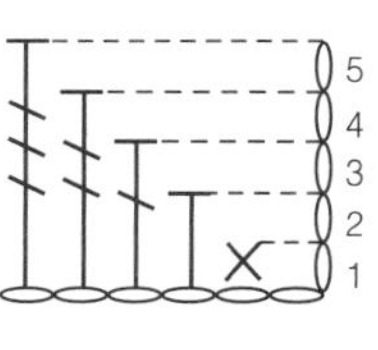

长针二针并一针

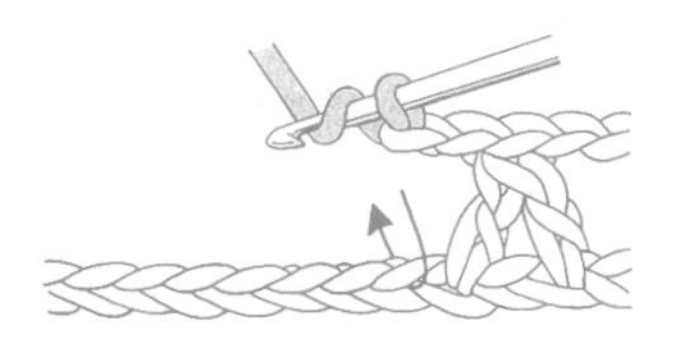

1. 按箭头方向穿针抽线。

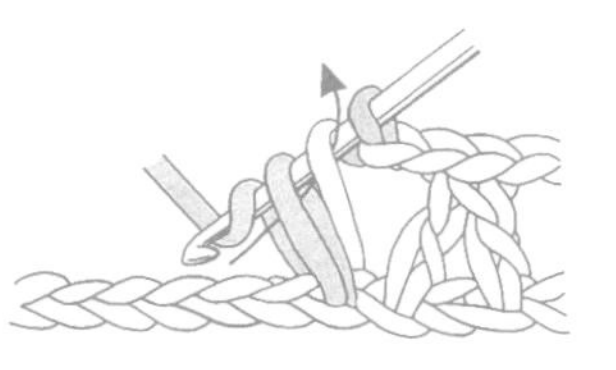

2. 挂线引出，两线引拔一次。

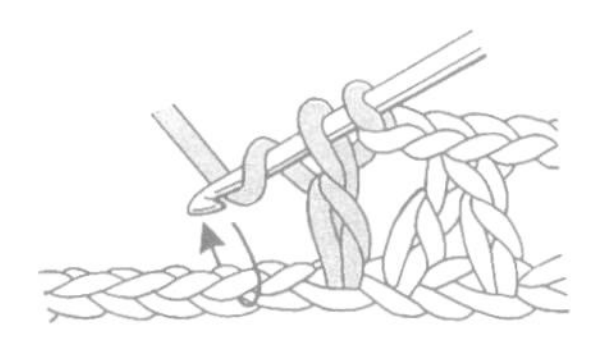

3. 按箭头方向穿针抽线。

4. 反复。

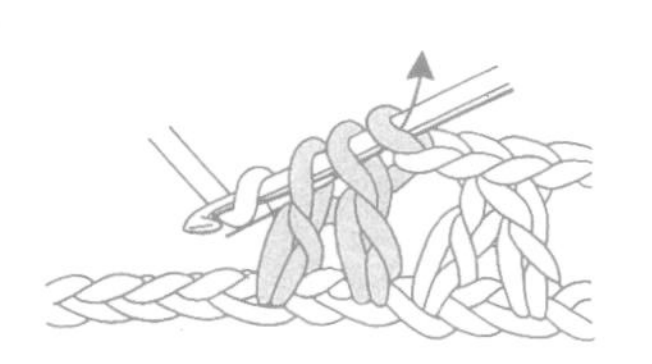

5. 对照长针的高度两针一次拉出。

6. 完成。

逆短针

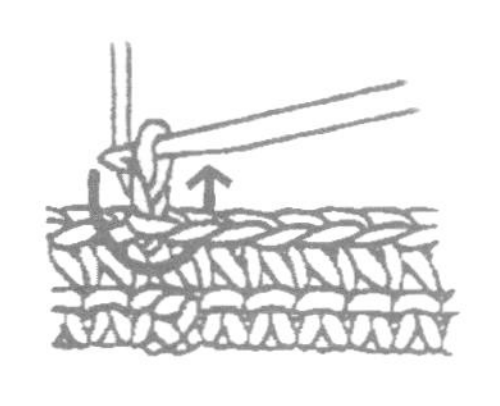
1. 由正面逆向插针钩织。

2. 将线引拔出来。

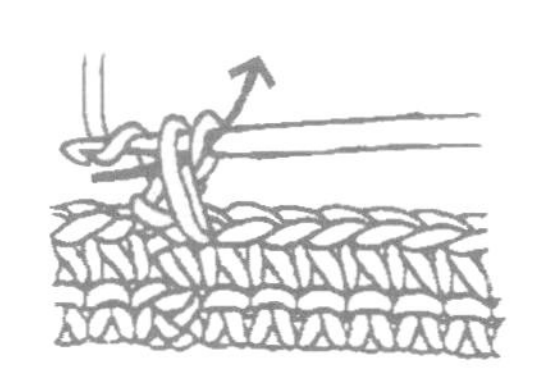
3. 两针一起钩织，完成一次逆短针。

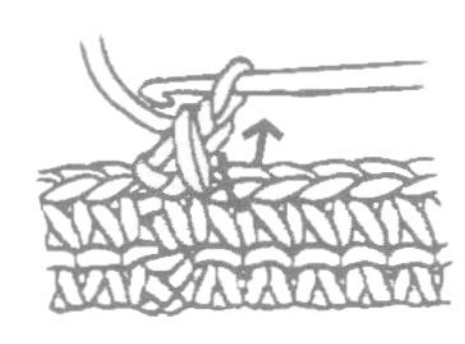
4. 再次将针逆向钩织。

5. 重复步骤1~4，连续钩到底。

短针加一针

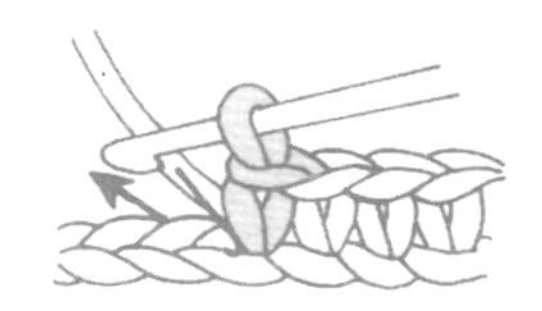
1. 同一位置上插入针。

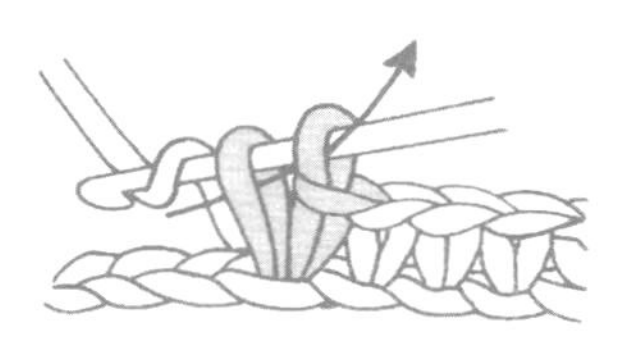
2. 再钩出一个短针。

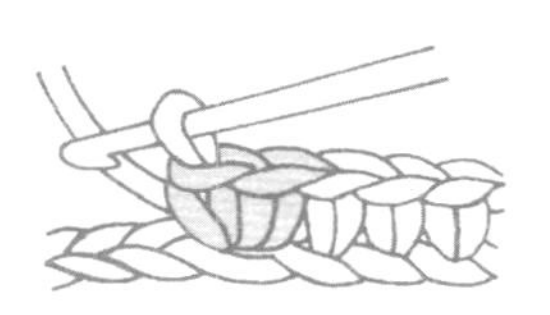
3. 完成。

长针三针并一针

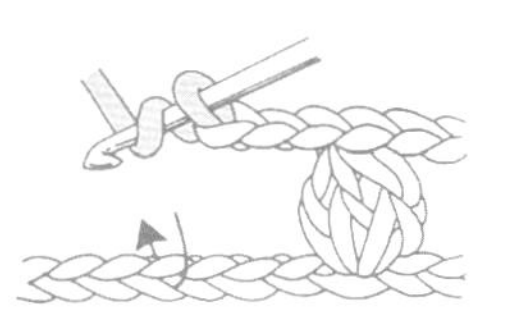
1. 按箭头方向穿针，拉出线圈。

2. 稍微揪紧编织。

3. 再按箭头方向穿针，拉出线圈。

4. 稍微揪紧编织，同2。

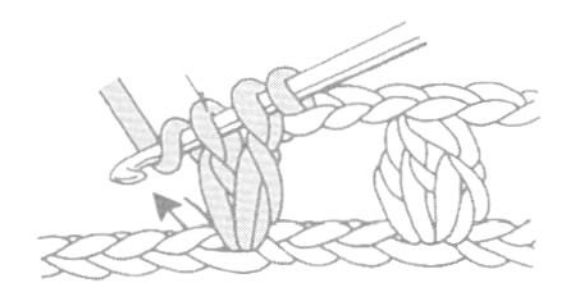
5. 再按箭头方向穿针，拉出线圈，同3。

6. 使3针的长度相同。

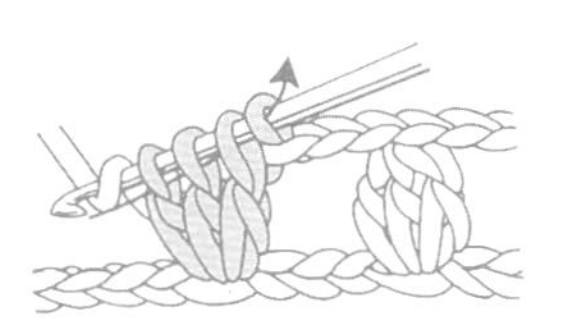
7. 挂线后，把挂在针上的所有线圈一次抽出。

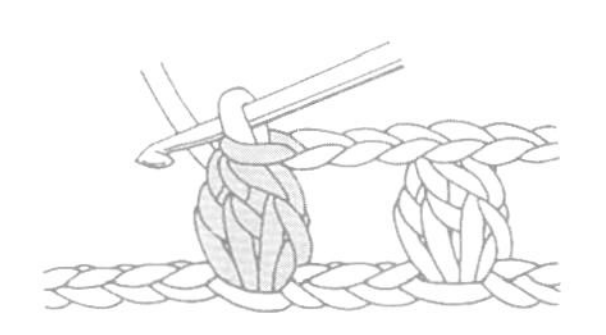
8. 长针三针并一针完成。

图书在版编目（CIP）数据

宝贝毛衫 / 编织人生编著.-青岛：青岛出版社，2010. 2（闺门雅韵·编织）

ISBN 978-7-5436-5953-7

Ⅰ. 宝… Ⅱ. 编… Ⅲ. 绒线-童服-编织-图集 Ⅳ. TS941.763.1-64

中国版本图书馆CIP数据核字（2009）第237321号

Baobeimaoshan

书　　名　宝贝毛衫（第2辑）
编　　著　编织人生
出版发行　青岛出版社
社　　址　青岛市海尔路182号（266061）
本社网址　http://www.qdpub.com
邮购电话　13335059110　0532-85814750（传真）　0532- 68068026
策划组稿　张化新　周鸿媛
责任编辑　王　宁
装帧设计　殷雪娇　毕晓郁
摄　　影　刘志刚
模　　特　刘珈其　张　亢　冯柏乔　武宸竹　王姝懿　蔡可欣　刘咏涵　耿婉棠　王语彤
制　　版　青岛艺鑫制版印刷有限公司
印　　刷　青岛嘉宝印刷包装有限公司
出版日期　2012年11月第2版　2012年11月第3次印刷
开　　本　20开
印　　张　10
字　　数　100千
书　　号　ISBN 978-7-5436-5953-7
定　　价　32.00元
特别鸣谢　北京佳华安琪幼儿园园长颜武宪以及全体老师的大力支持和配合